Be in control

成在掌控

运筹帷幄的人生攻略

梦 海 著

中国人口出版社
China Population Publishing House
全国百佳出版单位

图书在版编目（CIP）数据

成在掌控 / 梦海著. -- 北京：中国人口出版社，2019.4

ISBN 978-7-5101-6507-8

Ⅰ. ①成… Ⅱ. ①梦… Ⅲ. ①情绪-自我控制-通俗读物 Ⅳ. ①B842.6-49

中国版本图书馆 CIP 数据核字(2019)第 007547 号

成在掌控

梦海　著

责任编辑　曾迎新
装帧设计　潇湘悦读文化研究会
出版发行　中国人口出版社
印　　刷　长沙市精宏印务有限公司
开　　本　787 毫米×1092 毫米　1/16
印　　张　15
字　　数　170 千字
版　　次　2019 年 4 月第 1 版
印　　次　2019 年 4 月第 1 次印刷
书　　号　ISBN 978-7-5101-6507-8
定　　价　49.00 元

社　　长　邱　立
网　　址　www.rkcbs.com.cn
电子信箱　rkcbs@126.com
总编室电话　(010)83519392
发行部电话　(010)83510481
传　　真　(010)83538190
地　　址　北京市西城区广安门南街 80 号中加大厦
邮政编码　100054

前　言

QIAN YAN

一个人有没有掌控力，关系到一生的荣辱成败。所以说，学习掌控好自己是成就事业、造就美好人生的关键。掌控力是一门综合性思想艺术，涉及思想领域的方方面面，与人的个性脾气和行为认知能力息息相关。然而，不得不说掌控力的轴心即是掌控情绪，只要把情绪掌控好了，其他的问题就将迎刃而解。

情绪能影响人的一生，积极的情绪能催人奋进，但不良情绪却适得其反。人在生活或工作中不可避免地会产生各种各样的不良情绪。一旦放纵不良情绪的蔓延，不但会影响人的是非判断能力，同时也将摧垮人的精神支柱，以致坠入功败垂成的境地。

所以说,学习掌控力须从掌控情绪开始。有人将如何掌控情绪归纳为十种方法,即分散转移法、亲友宣泄法、自我安慰法、自我强制法、愉快记忆法、角色转换法、幽默化解法、条幅制怒法、推理比较法、压抑升华法。这些方法不说是灵丹妙药,但是对抑制不良情绪,具有积极的疏导作用。基于掌控力是一门思想认知艺术,牵涉到每个人的综合素质,本人从如何提升自身修养为着眼点, 针对各种思想意识和行为能力可能出现的某些问题,就如何掌控好自己的未来,避免因小失大误入歧途,进行了简明扼要的哲理式描写,并著成本书,意在举一反三,期望与读者共勉!

目　录

MU　LU

第一章 须严控情绪波动 掌控力决定成败

别活在纠结中 把握好掌控力

坚守才能梦想成真 十年磨一剑

第四章 让掌控力充满活力 豁达加智慧

第五章 构筑新的人生高度 锤炼真性情

第六章 你的未来不是梦 正确把握掌控力

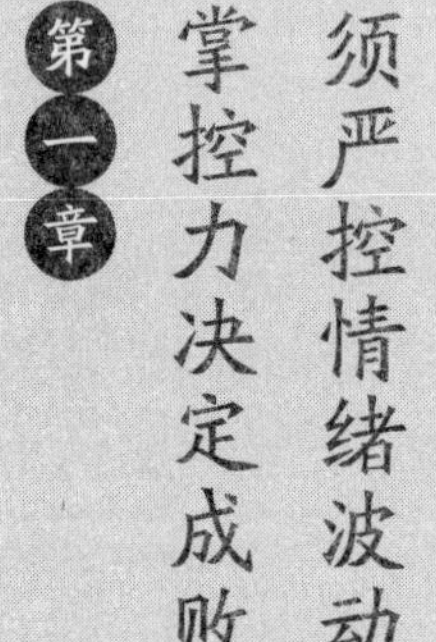

第一章 须严控情绪波动 掌控力决定成败

——掌控力与否决定人生成败，有掌控力才可能让梦想成为现实。掌控力除了要有百折不挠的毅力外，还要有坚强的自控能力，即能控制自己的情绪，任何时候都不会受情绪的干扰。有自控能力的人，不会迷失自我，其成功的概率要高出平常人许多。

什么是掌控力
SHEN ME SHI ZHANG KONG LI

“掌控”,顾名思义,意即为掌握、控制自己的情绪和行动,使自己沿着既定的目标前进;也指在自己力所能及的范围内主持、控制、预测和了解事物,做到胸有成竹,不超出一定范围,并决定其结果。掌控力是一种掌控全局的综合能力,有掌控力的人,最容易成就自己,成功的几率比那些缺乏掌控力的人要高出许多。

掌控力是一种认知事物的平衡能力,随着社会经济的不断发展,人的思想观念也在不断发生变化。有的人想成为百万富翁,而有的人想平步青云官运亨通。按说这些想法都没有错,能不能达到目标,关键在于掌控自己,量力而行。可以说当官发财是每个人都曾经有过的梦想,然到头来不一定人人都能当官,也不一定人人都能发财,其原因在于外部环境和内在因素的差异。人都有属于自己的长处, 就好比大千世界物有所值一样,每个人要根据自己的能力，找准自己的位置，适合干什么比较容易成功。

掌控力也是个人意志的驱动力，有了正确的理想和抱负，再赋予坚强不畏的意志勇往直前，人生就如插上腾飞的翅膀，增强了克服困难的能力，也就是我们所说的对事情的把控能力。

对于个人来说，掌控力是对时间、对生活的规划，对预期目标的实现，对整体人生走向的一种把握能力。只要克服懒惰、科学利用好时间，摒弃恐惧畏难情绪，一步一个脚印，心无旁骛，朝着预定的目标走下去，定能抵达成功的彼岸。

对于企业来说，掌控力就是管理者为了保障工作目标的实现，对下属员工的实际工作进行综合评定，并采取相应措施纠正各种偏差的能力。其中还包括对资金、市场、消费者的掌控，对权力的综合运用和对企业的发展思路等方面。也就是说对企业的全面把握，运筹帷幄，使企业时刻处于自己的控制之中。

对于行政事业单位主要领导来说，掌控力是一种至关重要的能力。一般来说，看一个领导者的水平如何，首先是看他把握工作中心、驾驭全局的能力强不强。作为一名主要领导者，首先要有驾驭领导班子的能力。只有把班子拧成一股绳，才有可能统揽全局。

古人云："凡事预则立，不预则废。"所谓的预，就是预知未来。任何时候任何事情，既要着眼当前，又要想到未来。既要重视眼前利益，又要有长远发展的眼光，未雨绸缪才能防患于未然。随着社会事物的不断变化，不确定因素随时都有可能导致事物发生变化，只要有总揽全局防范风险的掌控力，陷入困境时才不至于惊慌失措而全盘皆输。

掌控力不是孤立存在的个体，也不是靠行政命令产生，而是一门做人的综合性学问，涉及方方面面。比如，如何把握好时间，该做个什么样的人，遇到挫折和困难怎么面对，怎么对待和处理身边的人和事等等，这些都与掌控力的形成和发挥有着直接或间接的联系。可以说，人格魅力源于掌控力，掌控力是人格魅力的集中体现。

掌控情绪是成功的第一要素

ZHANG KONG QING XU SHI CHENG GONG DE DI YI YAO SU

著名的哈佛大学心理学博士丹尼尔·戈尔曼曾说过:“一个人如果不具备情感能力,没有自我意识,不能处理悲伤情绪和没有同情心,不知道怎样跟人很好地相处,即使再聪明,这个人也不会有大的发展。”丹尼尔·戈尔曼所说的情感能力,其实指的就是掌控自己的能力。掌控力是一个了解自我,管理自我,激励自我,约束和改正自我的过程,只有具备了这一要素,才能步入成功的大门。

情绪无时无刻不在左右人的意志,影响着人的事业和生命力。而情绪与冲动往往是两个紧密相连的载体,相辅相成不可分割。可以说,掌控情绪方可产生正面情绪, 也叫积极情绪; 因冲动而产生的情绪均为负面情绪,又叫消极情绪或情绪失控。我们通常说的冲动即是魔鬼,指凡受情绪影响而产生的冲动必将以失败而告终。这一点,恐怕是毋庸置疑的了。

举个简单的例子:有一对夫妇正是事业如日中天的时候,身体却出问题了,太太患了抑郁症,先生也因生意上的一些烦心事常常通宵失眠,两人没少往医院跑,但就是没有好转。最后,医生建议他们停下手中所有的事务,真正地静下心来进行疗养。这对夫妇经过商量,决定开始一次蜜月式的环球旅行。在几个月的时间里,他们跑遍了名山大川,尽情地游玩,开心地享受着以前没有享受过的快乐生活,几乎完全忘记了自己是个病人。半年后,他们的病症不治而愈,简直让人匪夷所思。

像这样的事例并不少见,每个人的身边都有可能发生,本不足为奇,奇就奇在好的情绪确能扭转人的命运,坏的情绪也能毁灭人的一生。比如说有个叫小强的名牌大学毕业生,由于从小在优裕的干部家庭中长大,养成了一副自视清高的脾性,看谁也不顺眼。大学毕业被招聘到一个公司工作后,公司经理分配他做销售工作。小强一听就不乐意了,心想我一个名牌大学的高材生,岂能低三下四去当那种与人磨嘴皮子的销售员,于是执意不从。经理没法,只好将他除名。起初小强傲气十足,高唱“此地不留爷另有留爷处”的高调。就这样换来换去,没一家公司愿意一开始将他委以重任,以至于最终他也没找到认为合适的工作。随着年龄的增大,他不再占有什么就业优势,为生活所迫,最后沦落为一家餐馆的服务员。小强的失败,最终归结于他的情绪失控。他总以为自己学历高知识广,是个干大事的人才,却不明白大事须从小事做起的道理,更何况如今人才济济,没有他,公司照样运转。小强的过于自负,白白耽搁了自己的青春年华。所以说,过于自负也是一种人生的负面情绪,有百害而无一益。

每个人都有情绪,但要记住的是:无论你处于什么情况,都要学会掌控情绪,而不要让情绪左右了自己。正面的情绪即是要时刻保持一颗积极的心态,百折不挠投身到各项事业中去,不要自卑,也别太把自己当成救世主。这样你才会发现,成功已离你很近。

志向催生掌控力
ZHI XIANG CUI SHENG ZHANG KONG LI

俗话说:“人无志不立。”立志意味着人生开始走向成熟。而成熟的标志,即是在实现志向的过程中,也该懂得如何奋斗才能志得意满。“如何奋斗”四字即包含了掌控力的成因。倘若人无志向,便会随意而为信马由缰,谈不上有掌控力。

立志,一直是先哲们倡导的话题。《增广贤文》里说:“有志不在年高,无志空长百岁”;《论语》里也有“三军可夺帅,匹夫不可夺志”的名言。可见,自古以来,立志修身成为了人类生存的首要法则。

立志催生掌控力。有志者,事竟成,成在掌控力上。没有了掌控力,志向再怎么冠冕堂皇也会迷失自我。在这个世上,没有谁生下来就有所作为。虽然家境的优劣给我们的未来带来了一定的影响,但这不是决定因素。大部分成功人士出身低微。他们立志图强,朝着理想的目标不懈努力,终于实现了多年的抱负,成就了自己的辉煌人生。

常言说得好,一样饭能养出百样人。同样是吃五谷杂粮,同样是呼吸大自然的空气,同样是受阳光和雨露的沐浴,为什么人的差别有那么大?说是没志向,也不尽然。因为人从懂事的时候开始,也想有所作为,也想让自己生活得好点,可到头来却一事无成。究其根源,没别的,亏在没有掌控力上。有了志向没有掌控力,犹如无舵之舟,只能随风漂流,永远也到达不了彼岸。

乌龟和兔子赛跑的故事大家并不陌生,为什么提前到达目的地的不是兔子而是乌龟?因为乌龟明白,若论速度,它远远跑不过兔子。摆在它面前的路只有一条:永不停息地向前跑。乌龟的信念其实就是一种掌控力。而兔子呢,仗着先天的优势,觉得无论怎么样,也不会比乌龟跑得慢,所以它就想先睡一觉再跑也不迟,结果输给了乌龟。这个故事告诉我们,这世上没有绝对的优劣,无论你的天赋有多么好,你若抱着侥幸取胜的心理,终究有输掉的那一天。

晋代有个"不为五斗米折腰"的故事,充分反映了大诗人陶潜刚正不阿不攀附权贵的人生志向。陶潜的辞官归隐,正是他保持清誉的掌控力所致。

晋安帝义熙二年(公元406年),四十一岁的大诗人陶潜在彭泽县(今江西湖口县东)当知县,一个月领五斗米的官俸。腊月将尽的一天下午,陶潜办完公事,换上便衣,回到内衙翻看过去的诗作。突然,一名小吏从外面闯进来禀报:"九江李太守派督邮张大人来县巡察,请老爷赶快更衣迎接。""哪个张大人?为什么非要穿官服不可呢?"刚来彭泽县不到三个月的陶县令不解地问道。小吏解释说:“那督邮张大人是我县富豪,一向讲究排场,眼下又是李太守的亲信,在礼仪上要是稍有不周,恐怕对老爷的前程不利。”生性耿直的陶潜本来已十分痛恨官场黑暗,想离开这个肮脏之地。现在听说这个督邮就是本县的富豪,靠精于吹牛拍马得到太守宠爱,竟然也成了自己的上司,还要叫自己去隆重迎接他。想到这些,陶潜不禁长叹一声,愤然说道:“我不能为五斗米的薪俸,去向一个低能无知的小儿弯腰行礼!”说罢,便取出知县的印信交给小吏,说:“你把它交给督邮转呈太守,就说我陶潜告病还乡,不当这个知县了。”然后收拾行装,昂然而去。

陶潜“不为五斗米折腰”的举动被后人广为褒扬。可以说,攀附权贵是许多人梦寐以求的渴望,若陶潜卑躬屈膝曲意逢迎,不但会结识官绅富豪,或许会通过这条官路往上攀升。那样的话,就算他是个大诗人,也不论他官作的有多大,人们都不会褒扬他,甚至还有可能留下骂名,留存至今的顶多是部分诗作,而无法享受到“不为五斗米折腰”的千古美誉了。

掌控力需要诚实
ZHANG KONG LI XU YAO CHENG SHI

记得上小学时读过这么一篇课文:《说谎的孩子》。课文的大意是说一个孩子上山放羊,一天,他突发奇想大叫着“狼来了狼来了”。附近的村民听说狼来了,拿的拿木棍、扛的扛锄头上山去打狼。结果赶到山上一看,什么也没有,原来是孩子的恶作剧。没过多久,村民们又听孩子在山上大叫着狼来了,村民们以为又是孩子在说谎,于是谁也没有搭理他。可这次狼真的来了,并叼走了好几头羊。村民们得知后,心疼不已。许多年来,这个“狼来了”的故事被人们广为传诵,以此告诫人们做人要讲诚信,不要满嘴谎言。说谎只能糊弄人家一次两次,谎言一旦被戳穿,就再也不会有人相信你了。

谎言要比说真话容易得多,正因为如此,你的周围,必定会有些不够诚信的人。他们为了一己之利,轻则编造谎言蒙混过关,重则坑蒙拐骗无所不能。

有这么一个人，大学毕业后被分配到一个不错的单位。参加工作不久，他觉得工资太低，不够花销，于是迷上了赌博。然赌场是个无底洞，他不但输掉了自己的所有积蓄，还把父母给他预备结婚的钱也全部输掉了。他不甘心，总想把输掉的钱赢回来。为了扳本，他到处找人借钱。人家看他有个正式工作，又听他信誓旦旦拍着胸脯说第二天就能还钱，便信以为真，把钱借给他了。哪知他非但没把钱赢回来，借来的钱很快打了水漂，全都输掉了。第二天没钱还人家，人家便找上门索要，他没有办法，只好承诺再拖延一天一定还上。于是再向人家去借，拆东墙补西墙，凡是他认识的亲朋和熟人，几乎都借遍了。到后来，已是债台高筑，声名狼藉，人家再也不愿借给他钱了。借不到钱，他便想到了去偷。结果不但丢了工作，还得在牢狱中度过几年的铁窗生涯。

日常生活中，诚实是一个人最基本的特性。倘若语无定律，信马由缰，夸夸其谈，说的一套做的又是一套，毫无诚实可言，这样的人会受人欢迎吗？肯定不能。一个不诚实的人，自然也就没有最基本的公众信任度。人若失去了最基本的公众信任度，喝酒无人敬，说话没人信，这样的人，又能有什么成功可言？

做人，得讲究清规戒律，所谓的清规戒律就是管住自己的嘴巴。嘴巴除了吃饭，就是说话。饭好吃可以多吃一点，但话好说可不能信口开河。比如说，人家求你帮忙办事，助人为乐固然是件好事，但把握有多大，有几成胜算，合不合法，这些都要综合考虑。若是明显不行，当面说明原因即可。若是有一线希望而又没有十分把握时，要留有余地，不要把话说得太死，太死了就没有退路，好事也许可能变成坏事。但有一点要记住，一旦答应了人家的事，无论困难有多大，也要千方百计兑现其承诺。对待生活中的任何事情都一样，要么不答应，答应了，哪怕是刀山火海，你也得闯。

诚实与诚信有其本质的联系。诚实守信，是中华民族的传统美德。孔子"君子一言，驷马难追"的句子人们朗朗上口，一直沿用至今。什么是君子？孔子的意思是君子言出必行，不会食言。从本义来看，言出必行即是守诚信的必然结果。如没有了诚信，便无从言出必行。所以，从古至今，诚信二字成为了衡量一个人品质高下的基本标尺。不得不说，诚信是金，诚信甚至比金子更加珍贵。在任何时候，只有我们坚持以诚信为本，就能取信于人，只有得到了大家的信任和支持，摆在你面前的，才有可能是一条充满希望的成功大道。

像老鹰一样坚强

XIANG LAO YING YI YANG JIAN QIANG

老鹰的寿命挺长，大约能活到七十岁甚至更长。作为鸟类的老鹰之所以如此长寿，一生又飞翔得那么高那么远，在于它有一个褪羽的痛苦过程。

据说老鹰到了一定时候，它的爪子开始老化，抓不住猎物，它的喙会变得又弯又长，几乎碰到胸脯。因它的羽毛又浓又厚，以致它的翅膀也变得十分沉重，飞起来十分吃力。这时候的老鹰有两种选择，要么是等死，要么是经受一番痛苦的褪羽更新过程。老鹰的褪羽更新并不轻松，它必须拼尽全力飞到一个悬崖上，用它的喙击打岩石，直到喙完全脱落，然后静静地等待新的喙长出来；当新的喙长出来后，它再用喙，把指甲一个一个全部拔掉；当新的指甲长出来后，又用指甲把羽毛一根根全部拔掉。经历漫长的五个月煎熬后，当新的羽毛长出来，老鹰又开始鹰击长空了。

不得不说，人的成长与老鹰的褪羽有诸多相似之处。有道是不经一番寒彻骨,哪有梅花扑鼻香！人要有所作为,不经历一番痛苦的磨砺,是很难成功的。

人生的际遇不同,经受痛苦磨砺的过程也不尽相同。但有一点是相通的,就是能彻底改变和抛弃旧的思维和习惯,创造美好和崭新的未来,使我们领略生命中新的长度和高度。

什么是旧的思维和习惯?这是一个显得既宽泛又狭窄的问题。所谓宽泛,是因为涉及方方面面;说是狭窄,那就是我们要根据时代发展的要求,抛弃旧的生活观念,不断学习新的技能,像老鹰一样,有改变自身的勇气和再生的决心,才有可能不被时代所抛弃。

人与人的命运之所以不一样,关键是思想观念的不同而酿成的结局。

老马和老刘是好朋友,早年间两人合办了一个化工厂。经营两年后,化工厂出现亏损。老马和老刘由此产生了矛盾,断了朋友情不说,老刘又经常指责是老马的过错,意在要对方退出。在这种情形下,老马知道老刘的用心,便主动退出。老刘一人拥有了化工厂,希望重整旗鼓能让化工厂起死回生。而老马则拿着老刘付给的一半股资,做起了建材生意。老马经过几年的刻苦打拼,可谓是几度卧薪尝胆,生意越做越大,已拥有了几家建材门市,后又当起了房地产老板。而老刘呢?由于墨守成规,化工厂连年亏损,产品滞销,已是资不抵债。加上化工行业是个环境污染企业,被勒令搬离市区。老刘无力让化工厂起死回生,自然以欠下一屁股债而告终。

从这一案例不难看出,老刘思想守旧,遇事不从自身找原因,把过错完全归罪于对方,总以为是对方的责任。他的这种思维,注定是要失败的。自从老马退出后，化工厂并没什么大的起色，加上产品质量不过关，资金断了链，结果是资不抵债，竹篮打水一场空。老马尽管起初不是很乐意把辛辛苦苦办起来的化工厂拱手相让，但他同时也看准了化工厂并无多大前景，加上老刘的无端指责，觉得再与老刘合作下去会更加糟糕。经过一番痛苦的抉择后，他选择了主动撤出。起初，他很茫然，也很痛苦。一次偶然的机会，他发觉建材市场藏有潜力，便孤注一掷，结果他“死而复生”，成功了。后来，他又把手伸向了房地产开发市场，成了本市响当当的房地产开发商。

如果老刘当初不挤兑老马，如果老马不愿主动撤出，那么，老马的命运与老刘也许一样惨。虽然说时势造英雄，然即便有了时势，如果没有一种像老鹰一样敢于经受“褪羽”的痛苦过程，没有一种对命运的掌控力，他也许无法东山再起成就自己。

素养与情绪成正比
SU YANG YU QING XU CHENG ZHENG BI

日常生活中，常听有人动不动明里暗里指责某某人，这也不是那也不行，并直言是缺少教养。其实，喜欢说这种话的人，往往带有一种情绪化的评判。妄加指责别人，本身就不是有教养的体现。要明白，真正有素养的人，是不会随意指责妄加评判一个人的。

什么是素养？也就是通常所指的教养，是一个人受教育和修养的程度。素养不是一朝一夕能成就的事，每个人从娘肚子呱呱落地的那一刻起，就开始接受教养了。一个人受教育和修养的程度如何，不仅与文化程度成正比，而且还直接与家庭教育和社会影响有关。教养与个人素质紧密相连，往往从不经意的言行举止及细微处反映出来，也可以叫做习性天成。所以说，细节反映教养，教养决定素质。看一个人素质如何，从许多细微处就能反映出来。应该说，教养越好，素质就越高。

比方说,生活中常有这样一种人,人前板着一张严肃的脸,让人望而生畏。若有人与他打招呼或与他说话,而这人有可能心不在焉,显得极不耐烦,一边走一边"嗯嗯"作答;有人迎上前笑容可掬伸出双手与他握手,他有可能眉头一皱不屑一顾,顶多也是伸出指尖略碰一下;有人恭恭敬敬给他端茶倒水,他视若无睹,连看都不愿看一眼。等等等等,不一而足。可以说这种人多数乃属非官即富之辈，因为在他们的潜意识中，自己身份尊贵,不值得与那些底层人讲礼貌。

还有一种人,按他们自己的话说是不拘小节,其实这些生活小节或多或少会损害自己的形象。比方说,与人说话,手舞足蹈口沫横飞,不时打断人家的话;坐下跷起二郎腿不断地晃荡,摆出一副旁若无人的架势;与人同桌吃饭，筷子不断在菜碗里翻来覆去，遇上好吃的只管往自己口里塞;酒后胡言乱语,借酒发疯;吃饭时咀嚼声音很大,丝毫不注意吃相;向人敬酒盛饭端茶,若旁边有人,也不会绕过,而从人面前直接递过去;屋里有人时,进门也不敲门;纸巾烟蒂随手丢,丝毫不注意室内外环境;一有空就两耳不闻窗外事,一心专注玩手机;与人打招呼或是打电话,语气粗鲁,连个问候字也没有等等,假若你遇上了,你会舒服吗?虽然看起来是微不足道的小事,但无不反映了一个人的教养程度。

教养不是天生的,是后天养成的一种道德范畴。教养的修为程度,决定了素质的高低。素质不在外表，而是反映在日常生活中的细枝末节上,或者说是深入骨髓的一种本能反应。能说官家富豪人士素质就高吗?当然不是。他们的所谓素质,也许是处世技能高人一等罢了。然处世技能高,并不代表整体素质就高。因为一个人的素质高低,不是与官职大小和财富多少成正比的。无论是普通百姓还是达官贵人，教养和素质是每个人如影随形,总会在不经意间表现出来。某些生活习性看起来是小事,然哪怕是微不足道的一点小事,也可关系到一个人的声誉和形象。

不管你是什么身份,做个谦恭有礼的文明人,远要比那些所谓“不拘小节”的人受欢迎得多。包括那些达官贵人,再怎么有权有势,若是趾高气扬得意忘形,丝毫不注意自身的修养,那么,个人形象就会大打折扣,也得不到他人真正的尊重。何况,世事无常,官职和财富不是永恒不变的,靠官威和财富累积起来的个人尊严也是短命的。

我们每个人都是这个社会大家庭里的一分子,官也好民也罢,人格都是平等的,谁也不愿意与一个缺教养少素质的人交知心朋友,谁也不可能离开这个大家庭做孤家寡人。所以,从点滴做起,不断加强自身素质修养,是提升自我形象的要求。在这个大家庭里,人人都向往美好的东西,谁都会鄙视没教养的人。倘若你因一些陋习使身价受到贬值,哪怕你曾经再怎么风光,你的人生也是不够完美的。

笑能缓解情绪紧张

XIAO NENG HUAN JIE QING XU JIN ZHANG

人们常说:笑一笑,十年少。虽然如此,遇到挫折和困难的时候,往往让人笑不出来。但我们不妨想一下,哭或苦着脸能驱赶挫折和困难吗?显然不能。那么,还不如笑出声来。哪怕是傻笑,也能缓解一下不良情绪。

笑着面对生活,是一种豁达,一种睿智,一种修养。武侠书里“相逢一笑泯恩仇”成了经典名言。

生活中,遇到高兴的事,固然值得开心一笑。但生活就像万花筒,什么事都有可能发生,既有让你开心的事,也有让你烦心的事。面对烦心的事,哭或愁容满面能解决问题吗?不但不能,坏的情绪也有可能影响你的信心,使事情变得更加糟糕。既然如此,我们何不坦然一笑,坦然面对呢?你要明白,事情不顺,也有可能是暂时的,迟早有解决的办法。就算前面的路走不通,可以拐个弯,路是四通八达的,没必要一条道走到黑。这样一想,也许你就释然了。哪怕是面对批评和指责,你也无须难过不安,尚能坦然一笑,可以起到化干戈为玉帛的作用。与人聊天打招呼,别忘了微笑面对。微笑是一种最有益的交际方式,谁也不喜欢一张冷冰冰的脸。在上司面前,你没必要卑躬屈膝。卑躬屈膝往往会给人一种没骨气的感觉。无论上司对你或褒或贬,你点头会心一笑,效果比说一千句好话还要管用。与同事朋友聊天也一样,无须喧宾夺主独占鳌头,高谈阔论夸夸其谈无限度地标榜自己,抵不过一声会心的笑语。即便你插不上话,宁可傻笑,也不要为了显示自己说些不着边际的外行话。要知道,言为心声,你不着边际的外行话也许会让人觉得你知识浅薄,修为不够。假若你是个领导,在下属面前更应该笑容可掬平易近人。哪怕是皮笑肉不笑,只要不是笑里藏刀,也要比板着一张冷冰冰的脸让人看着舒服。要知道,在茫茫人海中能走到一起,本身就是种缘分。谁也不能保证永远都是正确的,谁都有对与错的时候,千万不要动不动就讥笑他人。你今天讥笑他人,说不定明天后天你有做得不对的地方,别人也一样会讥讽你。到那时,你是种什么心情,你自己明白。若你是个普通职员,更不应该讥笑他人。习惯于讥讽他人的人,最终得不到别人的认同,也没有什么真心朋友。

人都是吃五谷杂粮,应平等相待。若你是上司,没必要板着冷脸训下属。道理是讲出来的,不是训出来的。若要人服你,你就得以你的人格魅力服人。若是同僚,你更没理由让人看你的冷脸。因为谁也不欠你的。说到底,你并不一定就比人家强多少。

笑并不难,难的是心态。心态好,什么都能看得开,那么,你就能笑容常驻。善意宽容的笑声,不但能给你周围带来祥和的气氛,也有益于你的身心健康。笑能调节你的身体机能,也能使你青春永驻,让你保持最佳的心态。你若能笑声常在，那么，你的身体也一定很棒。有的时候，笑比吃什么灵丹妙药还要管用。比如说癌症患者吧，同是一种病症，有的人得知自己得了癌症，忧心如焚，不吃不睡，天塌地陷一般，而有的人心态豁达，该吃就吃，该笑就笑，无病一般，这样反而结果要好，并且能延缓生命。

在不顺心的时候，你再如何生气，事情也不会发生变化。相反，你能笑着面对，或许能找出解决问题的办法。既然笑能给我们的生活带来如此多的益处，为什么我们就不能笑着生活，而非要愁云满面折磨自己呢？

别为难自己，要明白，人的一生很短，没必要和生活过于计较。有些理儿弄不懂，就不要去弄懂；有些人猜不透，就不要去猜；有些事儿想不通，就不要去想。把不愉快的过往，在无人的角落里折叠收藏起来。不去羡慕别人的辉煌，也不要喟叹世态炎凉。世界就这个样子，用自信的脚步坚定自己的选择，用平常的心态经营自己美好的生活就是最好的。

花开一季，人活一世。为人乐观随缘一些，就会轻松自在许多。冲动来自激情，平静来自修炼，别让外界的繁华浮躁了自己。想开了，自然就微笑；看透了，肯定能放下。放下了贪念，看淡了得失，人生也就能笑口常开。

笑着生活，体现的是生活的高品质。被人误解的时候微微一笑，是一种素养；受委屈的时候坦然一笑，是一种大度；吃了亏的时候开心一笑，是一种豁达；无奈的时候达观一笑，是一种境界；危难的时候泰然一笑，是一种大气；被轻蔑的时候平静一笑，是一种自信；失意的时候轻轻一笑，是一种洒脱。

笑也是一天，愁也是一天，世事不会因为你的愁肠满结有任何的改变。既然如此，我们何不微笑着面对生活！

谎言也是不良情绪

HUANG YAN YE SHI BU LIANG QING XU

解放前有这样一个财主,他手下有两个分别叫张三、李四的长工。尽管两个长工起早贪黑地劳作,财主也很不满意,总怀疑他们偷懒。这天晚上,财主把张三叫到自己屋子里,故作神秘地说:“你又老实又勤快,做事没得说的。只是那个李四?”张三听财主这样说,刚要插嘴,财主手一摆说,“李四这人不地道,他还常常在我面前说你的坏话哩。”说到这儿,压底嗓音说:“他偷懒时只要你偷偷告诉我, 年底发工钱时我给你加一块大洋。”张三一听财主说李四常说自己的坏话,气由心生,心想:好你个李四,你不仁,休怪我不义了。又一想,在东家做一年才一块大洋,动动嘴就能多得一块大洋,何乐而不为?于是点头答应了。第二天晚上,财主又把李四叫到自己屋子里,与李四说了对张三说过的同样的话。李四自然也点头应允了。话说很快到了年底, 当张三李四准备回家过年向财主讨要工钱和奖赏时,财主拿出一个本子念了起来，内容是张三某天上茅厕差不多有半个时辰，又有一次提早回家差不多有半个时辰，加起来是一个时辰，按照年初说好的，磨洋工一个时辰，一年的工钱全没有了。李四正暗暗得意时，财主盯着他说，你李四全年一共也违规两次，一次是下午到地里打个转就走了，另一次也是上茅厕时间过久，加起来超过了一个时辰，和张三一样，你全年的工钱也没有了。张三和李四一听，面面相觑，不知财主是如何知道的。想反驳，但确实有这么两次，又斗不过财主，只好作罢。

财主用的是离间诡计，以此盘剥两个长工的血汗钱。张三和李四都是穷苦人，本应同舟共济才是。可是他们为了一块大洋，听信了财主的谎言，相互暗中向财主告发，百般向财主讨好。表面上，两人背着财主散布对财主的不满，以激起对方的不满而落下把柄。结果辛辛苦苦一年，两人不但没得到奖赏，而且连该得的工钱一分也没拿到。不能不说，两个长工虽然都是受害者，但为了一点利益相互告发对方，最后反倒害了自己。贪利忘义，实在算不得诚信之举。

所以说，制造谎言的出发点是挟带不可告人的目的这样一种情绪。都知道谎言骗得了一时，但骗不了一世，一旦揭穿，将是声名扫地。做人，应以诚信为本，别做那些自欺欺人的事。

适度“心机”是缓解情绪的润滑剂

SHI DU “XIN JI ”SHI HUAN JIE QING XU DE RUN HUA JI

也许有人会说,心机太重的人不好相处,善于算计别人。这话或许对,也或许不全对。为人处世,“一根直肠子”的人容易遭人算计。只要不是把心机用在损人利己上,某些方面适度的心机还是有必要的。这里说的心机,不是那种阴谋诡计,也不是投机取巧,而是一种智慧,一门做人的学问。掌握得当,有利于缓解不良情绪。怎么样的心机才算适度,不妨列出几点仅供参考:

第一,简单不等同于单纯,做人不宜过于单纯,太单纯的人容易招惹是非。比如说心中藏不了一点隐私,遇到一点不顺心的事逢人必说,不分场合不分对象。这样的人看起来心直口快,实际上心胸狭窄,极易被人利用。

第二,凡事要留有余地,不宜把事做绝。人家无意中得罪了你,你不必穷追猛打非要将对方置于死地。给人留香自己余香,你说不定也有无意中得罪人的时候。人家既然是无意，就要宽容大度一点。给别人一些机会，也给自己留有退路。

第三，话不要说得太绝。事情总是在不断地变化，没有一成不变的事物。人家怎么样是人家的事，人家有人家的活法，你不宜妄加指责，也不要口无遮拦道人长短。或许你过得有滋有味，你的儿孙将来怎么样，你就很难把握了。

第四，遇事三思而后行，别做“冒脑壳”的事。在做任何事情之前，要从正反两方面予以考虑。无论遇到什么事情，要有一种处事不惊的胆识。是好事，不趾高气扬，遇上了不好的事，也不要惊慌失措。

第五，提得起放得下，以平常心态处之。当你走红运时，不要过于张扬乃至沾沾自喜，当你走背运时，也不要情绪低落一蹶不振。人生变数太多，不会红运走到底，也不会黑运走到头。

第六，不惹事也不要怕事。明知不能做的，就不要去插手，明知不可为而为之，容易招惹不必要的是非。倘若事情找上门了，也不要怕事，怕也没用，唯一能做的，就是挺身而出，该担当的，要勇于担当。

第七，“二礼”不可偏废。“二礼”即礼仪、礼物。到朋友亲戚家拜访，光有礼仪没礼物，人家会说你只有“嘴上光”，有上门蹭饭吃之嫌；光有礼物没礼貌，人家也会说你不懂礼貌，礼物也不那么值钱了。礼轻仁义重，说得再好，也不如有一点表示的好。

第八，朋友不怕多，酒肉朋友不可交。人若没有几个朋友，行走江湖寸步艰难，但酒肉朋友讲究的是吃喝玩乐，倘若失去了这些，也就不成其为酒肉朋友了。正因为酒肉朋友了解你的一切，甚至还会在背后捅你刀子。所以说，防挨朋友刀，实际上是防挨酒肉朋友的刀子。

第九,编织一张关系网。所谓的关系网,是你的上司、朋友和同事。这张关系网不是那种牟取私利的工具,而是你事业的伙伴。有了这些真心帮你的伙伴,你的事业才能如日中天,锦上添花。

第十,抛弃所谓的面子,放下架子做人。爱面子是人的天性,但有时候面子也会贻害无穷。你觉得自己高高在上时, 你什么事情都不会想干,也觉得没什么意义。当你一旦放下面子时,你也许会发现:人生处处有奇葩!

宽容有利于掌控情绪

KUAN RONG YOU LI YU ZHANG KONG QING XU

宽容是一种心境。唯有宽容，人生才活得轻松，活得快乐。相反，一个心胸狭隘斤斤计较的人，不但活得很累，也会影响到身心健康。

千百年来，一句“宰相肚里能撑船”被人们百褒不厌。可见，谁都期待宽容，谁也不愿意别人苛刻自己。

宽容别人是一种心境，一种素养。没有好的素养，对人生缺乏一种“宁静致远”的心境，是难以达到宽容待人的境界的。

现实有温馨的一面，更有残酷的一面。若是斤斤计较，能够让你计较的东西实在是太多太多了，多得你手足无措应接不暇。

你是个学生，若成绩名列前茅，说不定没有同学暗中忌妒你，或给你来点恶作剧，或添油加醋到班主任那儿告你的黑状。这种时候，你淡然一笑了之才是最好的解决办法。因为蛆虫不会叮无缝的蛋，你不去理睬，人家也自然失去了兴趣。你若是沉不住气，与人争吵，与人闹别扭，把心思放到了辟谣上。不但于事无补，你的成绩还会因精力分散而受到影响。

你是个公务员，你勤勤恳恳做事老老实实做人，虽然成绩斐然，却总有那么些人会在背后搬弄口舌，吹毛求疵说你的坏话。你虽然不愉快，也无须去找人家的麻烦。因为好丑自有公论，你不去辩驳，并不等于默认别人的说法。成绩摆在那儿，你不说，大多数人心中有数。倘若你容不得一点不同意见，誓要与人争个明白，那么，你不但因气不顺影响了生活和身体，你之前所付出的努力也会大打折扣。要知道，这世上的事只有更好的没有最好的。你工作做得再出色，也有某些不足的地方。你若能认真听取别人的意见，说得对的地方加以改进，不对的只当耳旁风，不去计较，以宽容心换取诚心，人家才会真正服你。

你是公司的一名职员，你人缘再好，时间久了，同事之间难免有些不和谐的音符。比如你不在时人家没经你同意用你的电脑，因操作不当无意中烧坏了电脑的某个硬件；你本来约好了一名客户上门谈生意，没想到让另一名员工捷足先登了；公司推荐部门经理时，论业绩，你自认为十拿九稳，没想到让另一名员工“抢”了去。等等这些，如果你找人泄愤，你坐立不安，那么，你会因此而得罪同事甚至上司，你的人缘也会受到不同程度的影响。若能退一步想，电脑坏了可以修好，你不能保证你以后就不会用同事的电脑；业务让同事抢去了，也没多大关系，可以再去找。一笔业务，不就是多点提成款吗？何况都是为了公司的利益。提部门经理这次没份儿，肯定是自己还有做得不够好的地方。只要努力，不愁下次没希望。瞧，这样一想，气不就顺了么！

你是个普通市民，无论是持家，还是出行，免不了与各种各样的人打交道，也会遇到各种各样的事儿。左邻右舍闹出了噪音，有可能是小孩子或是偶尔没注意所致，你不可因此找上门大发雷霆，顶多是善意地提醒一下。因为你不能保证你家的小孩子会那么听话，你家的其他人不会弄出一点响声。你挤公交车或是逛商店，人多难免脚碰脚。人家不小心踩了你一下，或碰了你一下，你不可为此恶言相向。因为在那个有限的空间里，有时候你自己的身子你也做不了主，不敢保证你就不会踩到别人或碰到别人。

身累不如心累。有些时候，宽容心能起到任何药物无法替代的作用，也就是说身病要靠心来医。唯有把心放宽，有海纳百川之势，不去计较得失，不去刻意逞强斗胜，尽心做事，宽容待人。若能时刻保持这种心态，不但能祛病除魔延年益寿，人生也能活出快乐来。

寡欲则宽，心中没有欲望，无索无求，有包容天下的肚量，对人自然也就宽容了。反过来看，要想得到别人的宽容，首先就要宽容别人。

掌控力需扬长避短

ZHANG KONG LI XU YANG CHANG BI DUAN

人贵有自知之明，你完全了解你自己吗？答案是不完全。

说到这里，不妨看看民间的一则寓言故事。

有只青蛙不小心掉到枯井，枯井不是很深，本可以拼尽全力跳上来的。可是它发现这里是它一人的天地，井底不但十分凉爽，蛆虫蚂蚁随处都是，没有天敌，也有吃不完的食物，什么都不用发愁。于是青蛙高兴得什么似的，不再打算跳出井外了。那些蛆虫蚂蚁见到青蛙想纷纷逃离，青蛙只需舌头一伸，就能卷入腹中饱餐一顿。青蛙实在是太惬意了，觉得自己简直就是天底下最有本事的国王，谁也奈何不了自己。于是，它就这样陶醉在这个枯井王国里，每天除了吃就是睡，很快胖得连路都走不动了。然好景不长，一天从井上下来一条蛇。蛇一见到青蛙，吐着红信张开大口向青蛙扑来。青蛙大惊之下欲要跳出井外逃命，然这时候的青蛙身沉如石，怎么也蹦不动，最后做了蛇的美餐。

其实，有的人就和那只掉到井里的青蛙一样，倘若得意于一时，就不知天有多高地有多宽，以为自己是天底下最有本事的人了。殊不知强中更有强中手，若是执迷不悟独断专行，到头来只会落得个和青蛙一样的结果。

孙子兵法上讲的“知己知彼，百战不殆；不知彼而知己，一胜一负；不知彼，不知己，每战必殆”这一规律被古今中外许多军事家所推崇。做人也一样，没有自知之明，一味地孤傲自大，是很难成就事业的。

事无最好，人无完人。这世上的事只有更好，没有最好。人也一样，每个人有长处，也有短处。哪怕你认为自己再优秀，再出色，也会有不足的地方。若是骄傲自满，妄自尊大，时时处处把自己置于众人之上，以为这世界离开了自己，地球就转不了，那么，你终有摔跟头的那一天。到那时，你纵然想重新爬起来，恐怕也没那么容易。因为，你注定要摔得很重，远不是皮肉伤那么简单，你的“脊梁骨”会被摔断。

自励是前进的动力，有自知才能自励。不知道自己几斤几两的人，总以为自己了不起，忘乎所以，唯我独尊，老子天下第一，这样又哪儿来的自励？所以，无论你身处什么地位，无论你占有什么优势，都不要忘了，这世上的事原本就复杂多变，同样，地位和优势也不是永恒不变的，只有明白这些，客观认识自己，正确评判自己，才能反躬自省找出自身的缺点和不足，在此基础上，不断激励鞭策自己，克服不足，取长补短，去芜存菁，努力完善自我。唯有如此，方能使自己立于不败之地。

交友也需要掌控力

JIAO YOU YE XU YAO ZHANG KONG LI

人生在世,总得有几个好朋友。好朋友不但能起到相互帮助的作用,也是生活中的一大乐事。遇上什么事,有朋友相帮,事情会得到较好解决。没什么事时约上几个好朋友聚聚,别有一番风味。但是朋友能帮忙,也能坏事。若是交上个心术不正的朋友,就有可能遭到暗算。所谓的心术不正,一般是指那些"当面是人,背后是鬼"的小人。要是遇上个小人朋友,稍有不慎就有可能被其利用。所以说,朋友不可乱交,如何交友,也需要有掌控力。

小人没有标签,一般来说,与君子相比,小人往往容易得宠。因为奸佞小人表面上对人嘴巴很甜,对上司也很"忠心"。所以,小人交往甚广,办事八面玲珑,很讨上司的喜欢。

孔子在《论语·阳货》一文中有这样一段话:"唯女子和小人难养也;近

之则不逊，远之则怨。"孔子这里说的女人，指的是那种泼妇。意思是说，泼妇与小人一样难对付。与这两种人亲近了，反倒不会尊敬你，疏远了吧，又会埋怨于你。此外，孔子又在《论语·述而》里对什么是君子什么是小人有了进一步的论述。他说："君子坦荡荡，小人常戚戚。"意思是说君子心胸坦荡，不会算计别人，小人患得患失，喜好阴谋诡计。如果还不够明白的话，再补充一点，那就是：小人失志，牢骚满腹；小人得志，飞扬跋扈。

比方说，同在一个单位，你勤勤恳恳做事，坦坦荡荡做人，有那么些人当面吹捧你，赞扬你，与你套近乎；而背地里又去上司那里诋毁你，拆你的台，说你的坏话。小人的目的很明显，为的是贬低你以抬高自己。可悲的是，有那么些上司偏听偏信，竟然会相信小人的话，也觉得你这也不行，那也不是，给你"小鞋"穿。上司之所以会相信小人的话，小人之所以得宠，是因为小人擅长阿谀奉承之能事，对上司的习性喜好早已摸了个透，说话办事自然能讨上司的喜欢。这些吹吹拍拍见风使舵的本领，君子是学不来的。所以说，无论在什么场合，君子永远斗不过小人。比如，民族英雄岳飞为了抵御金兵入侵，在前方浴血奋战，而奸人秦桧却在昏君面前大肆污蔑岳飞，制造莫须有罪名将岳飞置于死地。历史上这样的例子数不胜数，教训也是惨痛的。

小人的存在是生活中的必然。春秋战国时代孔子对小人就有如此独到精辟的评判，时间过去了两千七百多年，社会发展到今天这样一个崭新的时代，小人非但没有消亡，与孔子时代比起来，其本领更加隐晦更加多样化了。无论是现在，还是在将来，小人都不会从地球上消失。有时候，小人的举动神不知鬼不觉，令你防不胜防。借用一句民间俗语来说，人家把你卖了，你还在忙着帮人家数钱哩。所以说，世上的事就是这样，有人聚居的地方，就有小人存在的土壤和空间。你唯一能做的，就是小心提防。

小人再怎么折腾君子，总归是些见不得阳光的事，再隐晦的把戏，也有被戳穿的那一天。所以，当你遭到小人诋毁时，你无须分辨，最好的方法是坦然一笑。

从另一方面看，小人虽然失道寡助，小人的举动并没有触犯什么法律，充其量只是个道德品质问题，除了受到道德谴责外，谁也拿小人没办法。既然法律都制止不了小人的举动，我们更是奈何不了，那么不妨退一步，惹不起，总能躲得起的。诸葛亮《出师表》中“亲君子而远小人”的名句，被后人传诵至今广为应用。我们不妨按照诸葛先生所说的，多亲近君子，远离身边的那些小人吧！

别让复杂影响了掌控力

BIE RANG FU ZA YING XIANG LE ZHANG KONG LI

生活原本很简单，可许多时候被人为复杂化了。把生活看得过于复杂，往往会影响掌控力的发挥。

比如吃饭，都知道粗茶淡饭有益健康，可偏偏爱吃奢侈的名贵菜肴；比如穿衣，整洁合体就行，却要追求什么高档名牌。比如上班，用心干好属于自己的工作就行了，却喜欢讨好巴结，看上司的眼色行事。等等如此，生活中有太多的比如，说简单，几句话能说个透彻，说复杂，洋洋万言也难尽其意。

简单和复杂是两个不同的概念。科研学术领域越深入越复杂成果越大；做人，越简单品质越高。有句话叫作“人到无求品自高”，所谓的无求，是一种超凡脱俗的纯真境界。这个纯真的境界，可以用“简单”二字来概括。在这个物欲横流的社会，能做到无欲无求简单生活，本身就是一种超脱。

生活越简单的人,越没有欲望,越没有烦恼。想吃就吃,想睡就睡,想玩就玩。干好自己的活,过好自己的小日子,不去扰乱干涉他人的生活,也不会亏待了自己。不会花心思巴结讨好什么人,也不会与人争强好胜,看得开,放得下,心底无私,坦坦荡荡。这种简单的生活,就是一种最洒脱的幸福生活。

简单生活是一种美德,一种素养,一种积极向上的处世情怀。相反,把人生看得过于复杂,不但活得很累,还会制约人格魅力的发挥。小孩子为什么讨人喜欢,就因为简单才可爱。一个太复杂的人,往往是那种善于算计别人的人,也是一个不受人欢迎的人。掌控自己的未来,同样不需要把人生复杂化。把原本简单的事情复杂化,会把自己推向事与愿违的歧途。

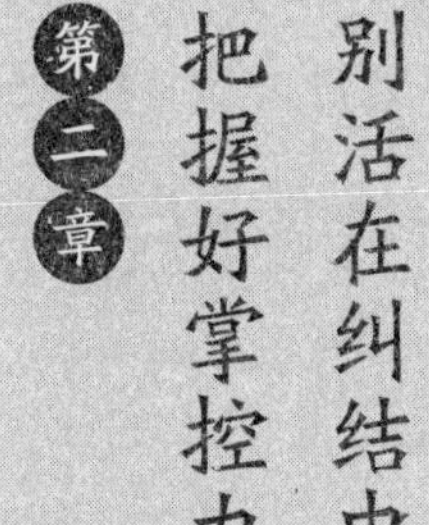

第二章 别活在纠结中 把握好掌控力

——有梦想不一定就能成就自己，能成就自己一定要有超强的掌控力。别期望天上有掉馅饼的好事，也别指望哪天会遇上贵人拉自己一把。莫要让情绪左右了掌控力，唯有立足当前，一步一个脚印，才有成功的那一天。

莫让情绪左右了掌控力

MO RANG QING XU ZUO YOU LE ZHANG KONG LI

“能控制好自己情绪的人，比能拿下一座城池的将军更伟大。”这是拿破仑的至理名言。的确，好的情绪能使人精神抖擞奋发向上，坏的情绪不但有损人的健康，更能摧毁人的意志，误导人的判断力，以至造成不可挽回的结局。

坏情绪包括沮丧、愧疚、憎恨、抱怨、消极、愤怒等。在成功的路上，最大的敌人其实并不是缺少机会，或是资历浅薄，而是缺乏对自己情绪的控制。愤怒时，不能制怒，会使周围的合作者望而却步；消沉时，放纵自己的情绪，会把许多稍纵即逝的机会白白浪费，甚至走上犯罪道路。

某电器公司有个叫小刘的销售员性格暴躁，稍不如意便粗语相加，导致业务销售量不景气，因屡屡完不成任务而受到批评。而同单位的销售员小李待人诚实和气又有耐心，那些顾主都愿意与他往来，自然业务量也增多，每每超额完成了任务，每月的奖金要比小刘翻倍。如此一来，小刘可不服气了，他认为是小李在捣鬼，于是决定教训小李一顿。一天晚上，小刘装扮成蒙面人，趁小李回宿舍的路上，用木棍将小李狠狠揍了一顿。结果小李被打成脑震荡，成了终身残废。案件侦破后，小刘被绳之以法，在铁窗中度过他人生中最宝贵的青春年华。

某中学有个叫小薛的同学在高中的前两年，成绩一直名列前茅，但进入高三后，因沉迷网游，成绩开始下降。这时候，班上有个叫可可的同学原来的成绩在小薛之下，通过努力，成绩已超过了小薛。一向爱虚荣的小薛妒心大发，不顾后果放纵情绪，把可可哄到洗手间，抽出水果刀朝可可身上猛刺，一连扎了 6 刀。事发后，学校老师火速将可可送往医院抢救，但抢救了近 6 个小时，仍然没能挽回可可的生命。小薛因故意杀人罪，被警方刑事拘留。小薛由于情绪失控，断送了自己的大好人生。

以上两件案例，无不说明情绪失控给他人给自己带来的终生遗憾。

坏情绪是人生最大的天敌，放纵负面情绪，其害无穷。作为一个单位的管理者，如果不能很好地掌控情绪，必因决策失误而事与愿违。作为一名普通员工或是市民，倘若不能保持冷静的头脑，什么事都由着性子来，必定没什么大的作为，甚或会招致祸端。像这类惨痛的教训不在少数，所以千万要引以为戒。人生最珍贵的是什么？就是生活得平平安安自由洒脱。无论遇到什么事情，都要用理智的头脑来评判是非，切莫冲动任意胡为，莫要让情绪左右了掌控力。

自信是掌控力的“主心骨”

ZI XIN SHI ZHANG KONG LI DE “ZHU XIN GU ”

没有自信,人就自卑。一个自卑的人,不相信自己的能力,连自己都看不起自己,谈何让别人瞧得起?又怎能有信心干一番事业呢?

人有自信,不一定百分之百能成功,若人没了自信,一定不能成功。当然光有自信还不行,有自信并能成功的人,永远是属于那些有掌控力的人,属于那些善于抓住机遇的人,属于那些不怕挫折的人。

人上一百,形形色色,各有所长,各有所短,说穿了,谁也不比谁差多少,关键是看你自信的几率有多少。不要迷信什么天赋。三分在天赋,七分靠打拼。勤能补拙,这就是成功的辩证法。

假若你是一名学生,也许你某门功课不及别人,那么你可以花费比别人几倍甚至几十倍的不懈努力,长此以往,不信成绩就赶不上别的同学。

假若你是一名公司的销售员,你因嘴笨而影响了业绩,甚至上司也对你不屑一顾。在这个时候,你要想扭转被动局面的唯一办法,就是依靠自信,以一种超乎寻常的诚信打动客户,毕竟客户最大的愿望是认可货真价实的产品。

假若你是一名公职人员,你嘴巴说不过人家,上级也无视你的存在,你因此得不到提拔重用,那么,你就得干出比别人突出的实绩来,久而久之,你自然会崭露头角,让人刮目相看,得到上级认可的。要相信,无论是哪个单位,虽然不乏吹吹拍拍之徒,但群众的眼睛是雪亮的,更何况工作业绩才最有说服力。

这世上只有万能的物理能量,没有万能的人。你别看人家风光无限,那只是一种表面现象。或许,人家曾经经历过的困境比你所面临的困难要更大,遭受的痛苦要更多,只是你不知道罢了。

发现自己某方面不如别人,是进步的开始。但这种时候要坚定一个信念:我并不比别人差多少。与此同时,唯有通过学习才能迎头赶上,既要学习别人的长处,也要肯定自己的优点。要明白,没有天生的优点,也没有谁是完美无缺的。遇事有主见,不要看人眼色行事,做对了的事要坚持下去,发现错了,及时改正还来得及。人要有一股不服输的精神,做错了,改正,跌倒了,爬起来,这就是自信。只有这样,你才能活出自我来。

由于受不同环境的影响,不得不承认,人与人的能力是有差别的,但这种差别只是一种对事物的感知范畴。打个比方,建筑师设计一栋房子,房子设计得再怎么精巧,但要建筑师亲手完成房屋的所有建筑工程项目,包括一砖一瓦,无疑是不可能的。因为建筑师只会“纸上谈兵”,真正要他们动手砌砖盖瓦,甚至连砖怎么砌,墙体能不能砌正,都无从保证。这些工序只能靠瓦工一步步来完成。虽然瓦工无法完成房屋的设计方案,但房屋的质量如何,除了材质,泥工起着决定性作用。所以,不得不说泥工发挥的是理性作用,也就是哲学家们所说的,感性要通过理性才能起作用。从这个道理上来看,建筑设计师付出的努力固然大,但若没有瓦工们付出的辛勤汗水,图纸永远是一张废纸。所以,世上的事情就是这样,各有所值,谁也不比谁强。

自信,是事业成功的动力,故自信决定行动力。也许,你某些方面不如人家,但你只要相信自己,只要肯努力,你不会永远落后于人的。如果你自怨自艾,自暴自弃甚至玩物丧志,到头来,你就会真的处处不如人家。

相信自己吧,无论遇到多大的困难,无论处在怎样的逆境中,你都不要自卑,不要屈服。心中要时时树立这样一种信念:我不比别人差,别人行的,我一定能行。唯有这样,你才能迎来百花盛开的春天!

气质影响掌控力

QI ZHI YING XIANG ZHANG KONG LI

气质是什么？气质不是故作高雅，也不是靠名贵华丽的衣着所能装扮的。好的气质是从骨子里流淌出来的美妙音符，能给人以一种美的享受和感觉。同时，气质的精髓不外乎八个字，即“平等相处，礼貌待人”。生活或工作中，与一个气质好的人相处，你会觉得特别舒畅。

气质涵盖于生活的各个细节中，牵涉到方方面面。在这里不妨打几个简单的比方：接听电话，无论对方是谁，都要以“您好”开头，再以“谢谢”结束；与人握手，要握住手心，不可以指尖点到为止；别人向你打招呼，无论是上级还是下属或同级，你都要热情，不可以“嗯，嗯”了事；即使对方说话有些啰唆，你也要盯着对方，耐着性子把话听完，然后再谈点自己的看法；别人给你电话或信息，再忙你也要及时回复，即便是当时手机没带在身上，你看到信息后也应立即回复，并说明原因；有客人在场，你不可以玩手机或做其他的事情。若不能做到这些，说明你无视别人的存在，起码对人是不够尊重的。给客人倒茶水，要双手奉上，并说“请用茶”。别人给你端水盛饭，哪怕是晚辈，也要起身双手接过，然后不忘说声“谢谢”；吃饭的时候要细嚼慢咽，尽量不要发出响声，也尽量少说话，以免把唾沫星子喷到菜碗里。夹菜要夹自己的这边，切记不要翻来覆去；到朋友或亲戚家吃饭，要主动帮忙洗菜洗碗，抹桌子要往自己的方向抹；喝酒要适可而止，千万不要胡言乱语满口酒话；坐如钟，站如松。公众场合，不要朝人夹着二郎腿颤悠。特别是女性，站立要笔挺，坐着要端庄，不可以张开大腿旁若无人；公众场合走路要注意节奏，不要双手插在裤袋里，那样很难看；公交车上要主动给老弱病残者让座。上下车或与人进出门，要主动礼让，不可以与人争抢；敢于见义勇为，不可以视而不见；遇事沉着冷静，处事不惊。解决问题不要急于下结论，先耐心听取人家的意见，再提出自己的观点；助人为乐，无论谁求你帮忙，只要不是违反政策的事，都要尽力帮助；小事不计较，大事不迁就，有一种超强的正义感。等等这些，气质的表现存在于许多方面，不是几行字就能列得出来的。

好的气质是一种美德，也等于是人的一张脸面。假若你个子不高，或是长得不怎么帅，你若是气质好，就有可能一美遮百丑，你的形象在别人眼中会无形之中高大起来。相反，你若是气质不佳，你再英俊再漂亮，也会变得不那么可爱了。

有人或许会说，气质有那么重要吗？

的确，气质当不了饭吃，也当不了钱花。什么气质不气质的，一样生活得蛮好的。殊不知，气质的好丑，会给人生带来不一样的结果。

举个例子，假如某公司分别挑选一好一丑气质不同的人去洽谈同一笔业务,可以肯定地说,最有可能洽谈成功的必是气质好的人。因为,人都是唯美的,第一印象很重要。公司派出的业务员,其个人形象已不仅仅是业务员本身,他代表的是公司的信誉和实力。谁会愿意与一个不懂礼节、邋里邋遢的人打交道呢?

气质不是天生的,好的气质是后天学习的结晶。学习好的气质,除了要有一种“平等相处,礼貌待人”的品行外,还要有一副“与人为善”的好心肠。只有建立在这个基础之上,你才有可能修成正果。否则,就只能是东施效颦了。

掌控力要坚守平常心
ZHANG KONG LI YAO JIAN SHOU PING CHANG XIN

何谓平常心？平常心是一种宁静淡泊的处世态度，是大彻大悟后，“采菊东篱下，悠然见南山”的一种精神境界。

你首先要明白，在这个世界上，你是渺小的，即便你再有能耐，你也不是万能的救世主，离开了你，历史的车轮照样前进，地球照样转动。

有的人把自己看得很重要，似乎离开了他，这盘棋就无法走下去，其实这是不明智的，也是一种自欺欺人的把戏。

强中更有强中手，一山还有一山高。所以，你不要扔掉自信，可你也别太把自己当回事。我们每个人都是平凡的个体，离开了集体的力量，或许什么事也难干成。既然如此，我们就该以平平常常的心态处事做人。唯有保持一颗平常心，才能不骄不躁，堪当大任。

如何保持一颗平常的心态？

其一,要宠辱不惊。每个人人生的道路上都会有成功的喜悦,也会有失败的打击。如何保持一颗冷静的心态,在成功面前不得意忘形?失败面前不灰心丧气?这是一种修为。修为到了家,才能洞悉这其中的真谛。成功和失败原本只有一纸之隔。成功了,说明是方法对了头。虽然本次成功了,下次就不一定保证能成功,很有总结经验的必要。失败了,说明是哪个环节出了偏差,只要不放弃,离成功的彼岸也就不远了。唯有如此,你才有可能不骄气不泄气。

其二,要低调做人。低调做人是聪明人的处世原则。从一方面看,这世上的事本就得失难定,动不动把牛皮吹得满天飞,成功了倒还好,要是失败了,又该怎么收场?从另一方面看,低调做人,不是刻意隐藏自己,讷于言而敏于行,时时刻刻淡然处之,不做作,不出风头,是保护自己最有效的方法。树大招风,财大招贼。猎手瞄准的,总是那些出头鸟;小人惦记的,也是那些好大喜功的角色。

其三,要心静如水。在这个物欲横流的社会,诱惑你的东西无处不在。如何做到在诱惑面前不动心,这就要考验你的抵御能力怎么样了。抵御能力强,便随时随地都能心静如水,看淡一切。纪律约束只是外因,重要的是你要从骨子里明白,不论多么金贵的东西,是你的,你才能要,不是你的,千万别伸手,伸手必被捉。何况,钱财本就是身外之物,生不带来,死不带去。人也就是五尺之躯扛着一张嘴巴,能穿得了多少?又能吃得了多少?只要勤奋,还愁缺吃少穿不成!要是为贪取不义之财落得个身败名裂,实在不划算。所以,坚守自己的那份阵地,平平淡淡生活,正大光明做人。忙时尽心尽力工作,闲时尽情享受生活,莫不是人生之最大幸福尔。

当你快乐时,你要想,快乐不是永恒的;当你痛苦时,你也要明白,痛苦也不是永恒的。所谓的乐极生悲,苦去甘来,犹如日月交替,是自然界的生存法则。无论乐也好苦也罢,保持一颗淡淡的平常心,是一种修为。

在这个处处充满诱惑的社会里生存，人多多少少有些不安分的成分。但你要明白,心浮气躁不但于事无补,还会严重干扰你的事业,使你如坠烟海,失去方向,找不着自己的位置。如何保持一颗平常心?最关键的一点是修心和约束。修心是意志力的修为,约束是屈从,唯有修心到家了,才能立于不败之地。

贪心是掌控力的大忌

TAN XIN SHI ZHANG KONG LI DE DA JI

说到这个话题,且不论当下那些贪官们覆灭的前因后果。我突然想起了小时候听到的一则童话故事,很是有趣:

有个传说:某村子里有两个很要好的少年,年长的叫小平,年少的叫小旦。一天放学回家后,两人结伴出去玩,来到一处水潭边。小旦发现水潭边的悬崖上长着一棵野果树,树上挂满了红红的野果,不由馋涎欲滴。他舔着嘴唇对小平说:“我们去摘了来吃吧。”小平望着那陡峭的崖壁,有些胆怯地说:“怎么上得去?还是算了吧!”小旦说:“你不去我一个人去。”小平见小旦执意要吃那上面的野果,只得说:“那我们一块去摘吧。”两人来到悬崖的上方,寻了一根藤条,一端用藤条捆住小平的腰,另一端由小旦扯着,小平沿着陡壁慢慢往下滑,没滑多远,小旦力气不支,手一松,随着崖底激起的一柱水浪，小平掉到了潭水中，顷刻间便沉入了水底。小平心知必死无疑，然到了潭底，发现水底不但没有水，自己已来到了一处雕梁画栋十分阔绰的石门前。他正疑惑不解时，走来两个虾兵蟹将，不由分说将他带到了一个大厅，大厅上坐着一个龙头人身的老人，老人喝问小平“为何擅闯龙宫？”小平一听说是龙宫，立时吓得胆战心惊，只得断断续续述说了事情的经过。龙王点点头，问他需要什么东西。小平摇摇头说什么也不要，只想回家。龙王说：“看你年纪不大，为人挺诚实的，我这龙宫什么宝贝都有，你去拿些回家吧。”说罢，令虾兵蟹将带着小平来到了宝藏仓库。小平来到仓库一看，各种各样的宝物金光灿烂，堆积如山。他对虾兵蟹将说：“我们村子连年干旱，我只要一件能求到雨的宝物就行了。”虾兵蟹将点点头，为他寻了一件求雨钵，将他送回了水潭上。小平回家后，拿着这个求雨钵，果然百求百灵，该村子从此风调雨顺，小平受到了乡亲们的交口称赞。话说小旦那天从水潭回家后，哭哭啼啼向母亲讲述了潭边发生的事。小旦的母亲担心小平父母找上门来连累了小旦，吩咐小旦闭口不要说出实情。仙界只一刻，世上已一年。一年过去了，小平不但没死，又拿回了求雨钵，乡亲们对小平赞不绝口。小旦母亲想到这里，不由怒形于色，怪小旦当时怎么没和小平一块掉到水潭里。小旦受了母亲这等责骂，又见小平如此风光，很是不服气。于是这天，他在母亲的帮助下，腰捆一只大麻袋跳进了水潭里。小旦沉到了潭底，也和小平的遭遇一样，被虾兵蟹将带到了大厅的龙王前。龙王照样命虾兵蟹将将他带到宝藏仓库。小旦看到这样多的宝物，心花怒放起来。他解下身上的麻袋装满了一麻袋宝物还嫌不够，又将身上的口袋全装个装满，连路都走不动了。这时候，一股洪水涌进了宝藏仓库，小旦来不及躲避，被洪水冲走了。

这虽然是个神话故事，但告诉我们，为人不可有贪心，太贪心了不得善终。

贪心，可以说是人的一种本性。谁不想拥有美好的东西？谁不想生活得好一点？谁又不想无功受禄？但有一点要记住，天上不会掉馅饼，世上没有无缘无故的馈赠，该取该舍，心中要有杆秤。财富固然人人羡慕，然拥有财富，也该光明正大地去博取。

你有利用价值，对方送你钱财，阿谀奉承你，那不是你多么有能耐，对方是冲着你手中的资源来的，以博取一本万利的机会。

你手中有权力，对方送你美色，投你所好，那不是你多么的有魅力，对方是冲着你的权力来的。一旦达到目的，对方也会离你而去。

若有朝一日你的利用价值没有了，或者权力也没有了，那么，你即便侥幸逃过了法律的制裁，你也成了孤家寡人，毕竟心中有鬼。心有不安，只能在担惊受怕中度过余生。

再说，财富只是个数字。你财富再多，也只能一天三顿饭。吃太多太好了，你的肠胃消化不了，反受其害。拥有健康长寿的人，永远是那些吃粗茶淡饭的人。一个人勤劳肯干，还怕填不饱肚子吗？

去除贪念，淡泊名利，光明正大地生活，是人生的一种至高境界。掺入了杂质，那么你的生活也将会蒙上一层挥之不去的阴影。

主见是掌控力的灵魂

ZHU JIAN SHI ZHANG KONG LI DE LING HUN

人没有了主见，就像水上的浮萍，墙上的芦苇，大海中无舵的航船，不知身往何处，最终会迷失自我。

某工程有个主管本来为人清廉，也没打算捞什么外快。一天，他手下的会计对他说："上面拨来一笔维修款在账上差不多有一年了，也没地方可用，上头也一直没过问这笔款子，估计上头也忘记这事了，不如拿来买几瓶酒喝？"主管听了，摇头道："这样恐怕不妥吧，万一上头追查这笔款子，如何是好呢？"会计笑道："你放心好了，不会追查的，工程用了那么多钱，每天进出都是好几十万元，谁还会在乎这几十万块钱的去向呢？再说了，我做笔账一抵冲，谁会晓得？"主管一听，想想也是，有些心动，便不再说话了。没过多久，上面派出清查组清查工程账目，发现这笔维修款有些问题，一查，根本就没用在维修上，是做的假账。结果，主管和会计都被判了刑。在大是大非面前，身为主管不但没能制止会计的提议，还参与分赃，罪责难逃。假若主管原则性稍强点，有自己的主见，不听信会计的话，会计就不敢这样做，他也就不会把自己毁掉。

某学生是班上的尖子，成绩一直名列年级前茅。在参加高考时，本来很快做好了物理试卷的答卷。当准备起身交卷时，一眼瞄到隔桌同学某道题与自己答案不一样，便怀疑是自己的题答错了，于是他重新坐下来涂改答案，按照同学的答案交了卷。网上公布正确答案后，他立时晕厥了。原来他发现自己原来的答案才是正确的。就因为这道题，他白白损失了二十分，失去了上名牌大学的机会。

所以说，在关键时候缺乏主见的人，往往容易犯错误。

主见是事业成功的关键环节。你要知道，在你进退两难时，别人的意见只起参考作用，重要的是你自己要有判断是非的能力。你不相信自己的能力，过分相信别人什么都是对的，什么都听别人的，你就会迷失自我，你也会因此失去或减轻你在大家心目中的分量。

走自己的路，相信自己的能力，即便错了，也可以从头再来。别人的意见，不一定全对，有的人是真心帮你为你好，而有的人是挖个洞等你往下跳，然后将你埋了。

主见是建立在尊重客观事实之上的主观能动性，也是做人的基本原则。主见不是主观武断，也不是不能听取不同意见。有主见的人在尊重别人意见的基础上作出自己的决定，在关键时刻不会优柔寡断，不会贻误最佳时机。没有主见的人，只会看人眼色行事，像个木偶一样，“你方唱罢我登台”，永远体现不了自己的人生价值，人前人后，充其量只能起到“传声筒”的作用。

培养自己的主见并不难，一是要尊重客观事实；二是要遵守游戏规则；三是要涉猎广泛的生活和书本知识。有了这三点，你才有可能逐渐变得有主见起来。而且因你的有主见，生活中会减少许多失误，进而得到大家的认可。

勇于在夹缝中成长
YONG YU ZAI JIA FENG ZHONG CHENG ZHANG

何谓夹缝？字面解释是指墙体山岩的缝隙，又喻指艰难的生存环境。

有些时候，夹缝也意味着绝境，上不行下不是左右为难，让你有种痛不欲生的感觉。怎么样在夹缝中生存，从绝境中另劈一条出路？说到底，就只一句话：奋力一搏求生存，勇于在夹缝中成长。除此之外，没有别的道路可走。

勇于在夹缝中成长更是一门成功的人生哲学课。人是在环境的共生和互动中，才得以生存和发展。环境可以改变一个人，但环境绝不能适合每一个人。人只有主动去适应环境、去改变环境，就像那些长在岩缝中的小树小草一样，不畏风吹雨打烈日严寒，努力吸收大自然的养分，百折不挠，从逆境中崛起。你若能具备这种能力，才有可能获得成功。

生存环境的夹缝虽然给我们带来了诸多压力，但压力并不可怕，运用得好,压力可以变成动力。放眼看去,如今考上名牌大学的学子,不乏农村贫困子女。论经济条件,她们远不如城里的学子好,甚至连学费也是东借西借的。论学习条件,更是可想而知了。为什么她们能考上名牌大学?最根本的原因是,她们明白要想摆脱困境,摆在她们面前的,只有上大学这一条路。这就是一种压力,若是没有这种压力,就她们所处的条件来说,上大学只是一场春秋大梦。

有些时候面临种种痛苦和烦恼,有人喜欢把自己想象得很悲惨,甚至觉得横在面前的是一道跨不过去的槛。其实,谁也不是万能的神仙,每个人都有烦恼,都会遇到困难,有的人甚至比我们的痛苦和烦恼要大得多,关键是如何去对待。有的人在困境中一蹶不振,自暴自弃,结果一事无成;有的人能在逆境中苦苦挣扎,奋力拼搏,努力朝着自己的理想艰难地迈进,终于成就了自我。

在追求成功的道路上,对我们这些"圈外人"来说,没有谁会同情你,也不要想象天上有掉馅饼的好事,一切都要靠自己。怎么靠?这就是我们通常所说的行动力,只有付诸行动,就能改变自己。我们每跨出一步,不知要经历多少的坎坷,要忍受多少的苦痛,甚至要遭受多少的白眼和嘲笑。然说到底,这些都不重要,重要的是要向人证明:我是好样的,我并不比别人差。

有人说:"人之所以来到这个世上,是接受磨难偿还前世欠下的孽债的。"这个观点虽然有些唯心,但有一点可以肯定,每个人从娘肚子生下来那刻起,就把磨难一块儿带来了。

人生苦短。我们每个人从降生到这个世上,到两眼一黑化为尘土,在历史的长河中,只不过是一瞬间。在这有限的年华里,我们都希望享受到生活的快乐,但同时我们也该给后人留下点什么,因为我们是推动人类进步的群体,不是那种光为吃而活着的动物。活着,就要吃好穿好。但活着也要为他人做点什么,为社会贡献点什么,这样才不枉来人世走一遭。要实现这些,光靠父母的恩赐是完不成的,尤其是我们这些“圈外人”,无论处在什么环境,无论“夹缝”有多么的艰难,我们都要有份勇于担当的精神。为家庭担当,为社会担当,只有这样,才无愧于人生。

自卑是失败的根源

ZI BEI SHI SHI BAI DE GEN YUAN

做人首先要明白,自信心对成就自己十分重要。人若缺乏了自信,便是自卑。自卑的人,如无源之水,无舵之舟,终将一事无成。

人有自信,不一定百分之百能成功;人若是自卑,一定不能成功。自信并能成功的人,永远是属于那些有掌控力的人,属于那些善于抓住机遇的人,属于那些有竞争力的人。

假若你是一名学生,也许你某门功课不如别人。那么你可以花费比别人几倍甚至几十倍的不懈努力,长此以往,不信成绩就赶不上别的同学。

假若你是一名公司的销售员,你因嘴笨而影响了业绩,甚至上司也对你不屑一顾。在这个时候,你要想扭转被动局面的唯一办法,就是依靠诚信,以一种超乎寻常的诚信打动客户。毕竟客户最大的愿望是认可货真价实的产品的。

假若你是一名公职人员,你说不过人家,上级也无视于你的存在,你因此得不到提拔重用。那么,你就得干出比别人突出的成绩来。久而久之,你自然会崭露头角,让人刮目相看,得到上级认可的。要相信,无论是哪个单位,尽管不乏吹吹拍拍之徒,识别千里马的伯乐还是存在的。

这世上只有万能的能量,没有万能的人。你别看人家风光无限,那只是一种表面现象。或许,人家曾经或现在比你所面临的困难要更加大,遭受的痛苦要更加多,只是你不知道罢了。

既要学习别人的长处,也要肯定自己的优点,没有谁是完美无缺的。遇事有主见,不要看人眼色行事。做对了的事要坚持下去。发现错了,及时改正还来得及。人要有一股不服输的豪气,也就是自信心。只有这样,才能活出自我来。

自信,是事业成功的动力。也许,你某些地方不如人家,但你只要相信自己,只要肯努力,就不会永远落后于人的。如果你自怨自艾,自暴自弃甚至玩物丧志,到头来,你就会真的处处不如人家。

相信自己吧,无论遇到多大的困难,无论处在怎样的逆境中,你都不要自卑,不要屈服。心中要时时树立这样一种信念:我不比别人差,别人行,我一样能行。唯有这样,你才能活出一个全新的自我!

掌控力需摒弃烦恼
ZHANG KONG LI XU BING QI FAN NAO

民间流传着这样一句话:烦恼皆因强出头。且不说这话的对与错,烦恼作为一种人生常态,说得好听点,是情绪的一种心理宣泄,说得严重点,可划归为心态的病变。

人生在世,不如意之事十之八九,烦恼不会因为你是一个大富大贵之人就退避三舍,也不会因为你是一个贫穷之人而步步紧逼。每个人或多或少都有着不同的烦恼,这是再正常不过的事了。但是面对烦恼,不同的人有着不同的人生态度。

有这样一种人,整天愁眉不展,长吁短叹。不是这事不满意,就是那事揪心。为自己,为子女,也为他人,烦不尽的事,恼不完的心。

烦恼有用吗?答案是肯定的没有用。

既然烦恼没有用,那为什么还要自寻烦恼呢?要知道,烦恼是一剂毒药,不但于事无补,对自己的身体也许还会是一种慢性摧残。

生活中,不如意之事十之八九。你再有能耐,也不可能事事都称心如意,这几乎成了一条定律,谁也改变不了。

有这样两个邻居,邻居甲家境厚实,又建了一栋高大的楼房,膝下有两儿两女,个个都已成家立业。按说,他该安享幸福晚年了。可邻居甲则不然。他成天不是为这个儿子担心,就是为那个女儿发愁。担心儿子工作顺不顺利,孙子将来考不考得上大学,又担心女儿管不住丈夫,怕女婿有婚外情休了女儿。一切的一切,让他成天心事重重,动不动就冲儿子女儿发脾气;孙子们稍有不顺,就气得饭也吃不下,仿佛天要塌下来一般,感觉什么也不是,似乎谁也不中他的意。不到六十岁,邻居甲郁结成病,烦恼倍增,他躺在床上,成天长吁短叹,不忘埋怨这个埋怨那个,不久就病逝了。紧连邻居甲旁边的邻居乙就不一样了。论房子,邻居乙只有三间矮小的瓦房,两个儿子都是肢残,生活都难以自理。邻居乙虽然有时不免焦急,但他明白,事已至此,着急也没有用。他似乎从不知什么是忧愁,天天粗茶淡饭吃得有滋有味,生活过得乐呵呵的。八十岁了,还身强力壮,照样能下地劳动。有人问他,你两个儿子都是残疾,没给你传个后,你就不着急么?他笑嘻嘻回道:“着急又能怎么样?有后又能如何?到时两眼一闭,什么都不晓得了。”

邻居乙的观点虽然有些消极因素,但不能不说,任何事情,只能遵循客观规律,离开了这个规律,你再着急,再烦恼,不但没有丝毫的益处,反而会带来不必要的害处。比如邻居甲,儿孙满堂了,他完全可以抛弃任何烦恼,安享天伦之乐了。可是他不这样想,他不但要管住儿子儿媳,还要管住孙子们的未来,把自己想当然的要求来强加给儿孙们,稍不如意就牢骚满腹而烦恼不堪。这样的人,不但事与愿违,而且给自己也带来了病痛的折磨,实在是没有必要。

别把任何事情想得那么尽如人意,情况是在不断变化的。有时候也许好心没办成好事,这个并不奇怪。既然进一步举步维艰,何不退一步海阔天空?退一步不是退缩不前,暂时的退却,是为了养精蓄锐更好地前进。从整体来说,心怀大志不计个人得失的人不会把自己输给烦恼。只有那些斤斤计较心胸狭窄的人,才会陷入烦恼的泥潭而不能自拔。

烦恼是自己与自己过不去。你不给自己烦恼,别人不会给你烦恼的。因为你内心放不下,患得患失,才会让烦恼钻了空子。

有句俗话说得好,活人不能让尿给憋死。人生在世,本就是在困难和矛盾中生存,每天都要遇到各种各样的事情,有顺心的,也有不顺心的。倘若事情稍不顺心就烦恼,别人说句你不喜欢听的话你烦恼,看到不高兴的事情你也烦恼,如此生活在烦恼之中,你恐怕无暇干别的事情,天天只有烦恼的份儿了。烦恼不但会给工作和学习带来负面效应,还会削弱人的意志,影响人的情绪,叫人吃不香,睡不好,给身体造成难以愈合的伤害。

生活本就是这个样子,不会因为你的烦恼而改变,烦恼是自己跟自己过不去。对有些人,你再抱怨,也唤不醒他的良知,对有些事情,你再烦恼,也没有任何用处,烦恼抱怨多了,愁坏的不是别人,是你自己的身体。

懂得放弃是一种境界
DONG DE FANG QI SHI YI ZHONG JING JIE

人之所以烦恼，源于整天患得患失，放不下失去的和得不到的东西。

首先，我们要明白这样一个规律，世上的东西都有它的两面性，也就是通常所说的物极必反：有得必有失，有甜必有苦，有喜必有忧，有笑必有泪，有成必有败，有福必有祸。如此正反两面，你来我往，相互依存。一个人不可能一辈子好事占尽，也不可能一辈子倒霉到底。

从前有户富裕人家生有两个儿子，父母双亡后，老大仗着有些势力，只分给老二几亩薄地和一头耕牛，其余的房产和钱财全让自己霸占了。老二生性憨厚，知道斗不过老大，毫不在意，也不去争。他牵了耕牛来到分给自己的田地旁，动手搭建了两间茅屋，开始耕作起来。一次，在开垦一块荒地时，发现了深埋在地里的一缸银锭。老二明白是父母生前所为，虽高兴异常，但并不张扬。他用这些银两大兴土木盖起了一栋楼房，又娶妻生子，没两年把一个家搞得红红火火。这时候的老大因把亲弟弟赶出家门，已经失信于人，谁也不与他家来往了，甚至连那些长短工也纷纷辞工来到了老二家。所以，老大的家境越来越衰落，几乎是"门前冷落车马稀"了。没出几年，连他娶的几个姨太太也耐不住贫困先后离去。老大因此气急交加，一病不起。老二尽管有些埋怨老大当初没有兄弟之情，但还是拿出钱为老大治病。老大去世后，又把老大的儿子接到自己家里生活，视同亲生儿子对待。

虽然老二被迫放弃了遗产的公平继承权，但他没有因此而与狠心的哥哥争夺。他父母也早就料到有这么一天，所以为老二留下了一笔不菲的银两。假若老二没有这番肚量，当初与老大斗得死去活来，两虎相争，必有一亡，也就没有老二以后的发达。

现实生活中，美好的东西数不胜数，是我们的，总归是我们的，不属于我们的东西，别拚了身家性命去争去抢，那样不但得不到，反而会伤了自己的元气。

人无所舍，必无所成。每个人能抓住希望的只有自己，能放弃希望的也只有自己。想"天下麻雀一个人捉尽"是不现实的，到头来反而会失去更多。无论成败，无论得失，我们都要为自己喝彩，因为我们曾努力过。人生在世，本就是一场艰难的跋涉，我们每时每刻都要准备经历各种各样的苦难，其中有得也有失，鱼和熊掌不可兼得。得到了要珍惜，失去了，也不要怨天尤人。

所以说，有时候放弃得不到的东西，是一种福气，更是一种收获。

掌控情绪要坚守淡定

ZHANG KONG QING XU YAO JIAN SHOU DAN DING

在这喧嚣的尘世中,权力和金钱的肆无忌惮,往往会让一些人变得浮躁不安。

别人发财了,你兴许会因忌妒而惴惴不安。

别人升迁了,你有可能会抱怨上司的不公平。

别人某处比你强,你不痛快了,总想找出对方的岔子。

你总以为你付出的太多,得到的太小所以你愤懑,你不安。

于是乎,看到别人比你混得好,你开始与人攀比,开始变得急功近利起来。

于是乎,你这山望着那山高,丧失了脚踏实地的本真,在梦幻中净想些一步登天的好事。

这些,只是你的一厢情愿,你的浮躁,已经让你迷失了自我。

要知道，不一样的环境，就有不一样的命运，不一样的生活阅历，就有不一样的人生结局。人各有各的活法，活出自我，才是重要的。

蛇有蛇路，鼠有鼠道。有些事情看起来完美，说不定只是表面现象。各人的酸甜苦辣只有自己知道，没你想象的那么简单。

每个人的人生之路，是靠自己脚踏实地走出来的。成功欢笑的背后，必定有一处汗水积聚的湖泊。倘若你心浮气躁，只观其表不知其里，像一朵白云浮在半空，着不了陆，那么，有朝一日一阵狂风刮来，你的未来只会是烟消云散，找不到自己了。现实是冷酷的，现实决不会因为你的失意而同情你、可怜你。

人生没有太多的为什么，看得开，才放得下。今晚睡下，明天早上起得来，就是重生。人生就那么回事，祸福难以预料，什么样的情况都有可能随时发生。平平淡淡，过好每一天才是最重要的。人活着，没必要那样好高骛远，与其让心在疲惫不堪中流浪，还不如在宁静中享受大自然赋予的恩赐。人活着，一箪食、一瓢饮足矣。这世上美好的东西太多，你别想全部拥有，得不到的，该放下的就得放下，别死要面子活受罪，让世俗的观念折磨了自己。

人的生命就那么长，再如何的辉煌，也逃不出死亡的劫数。在短短的人生之中，抛弃一切虚荣，淡泊名利，过自己想要的生活，才是最幸福的。

在世俗的繁华面前，把心放下，保持一颗淡定的心，是一种智慧，一种超脱。

什么是淡定？淡定就是坚守宁静，心无旁骛，宠辱不惊。

所谓的坚守宁静，就是要守住自己的理想净土，扎扎实实干好自己的事，不要朝三暮四，被外界的纷繁扰乱了阵脚。宁静是一种境界，宁静才能致远。在宁静中做到心无旁骛，断绝一切不利的思想杂念，宠也好，辱也罢，淡定自若，唯有这样，才能不被浮躁吞噬了自己，才能干出一番事业。

低调即是成熟

DI DIAO JI SHI CHENG SHU

有人主张要低调做人,高调做事。其实,不但做人要低调,做事也宜低调点才好。因为做人与做事不可分割,有着内在的必然联系。

就像低调做人一样,低调做事不是那种无精打采的做派,而是苦干加实干且不张扬的工作作风。打个比方,某人为人低调,不喜张扬,什么工作任务都能尽其所能默默地去完成,他的心中只有工作,只有事业,没有别的名利思想。这样的人,是不愁工作干不好的。相反,那些自高自大的人,做人趾高气扬,做事喜欢吹捧,事情还没做,牛皮吹上了天,到了最后,什么都做不好。

低调者有自知之明,且为人谦虚谨慎,不失为一种成熟。或许,低调者有时看起来不为人知不受人瞩目, 但往往就是这种人, 容易干成一番事业。因为奉守低调的人做事既守原则又不张扬,能正确地认识自己,别人做不了的事，能默默“兜着走”。就因为默默坚守独具匠心，才成就了自己。所以说，宁拜人为师，勿好为人师。低调务实是一种美德，那些做出了杰出成就的学者，无一不是低调务实的楷模。要想干出一番成绩，没有埋头苦干的精神，没有忘我的工作态度，没有一种攻坚克难甘于寂寞的思想，要想有所作为，是不切实际的。

人的自我意识主要包括三个方面：自我认知、自我意志和自我情感体验。人评价自己，要靠自我认知，有的人过高地评价自己，就表现为自负；有的人过低地评价自己，就表现为自卑。自负往往以语言、行动等方式表现出来。自负实质是无知的表现，主要表现在不自知。俗话说“自知者明”、“人贵有自知之明”。无知有两种表现，一是盲从，二是狂妄。自负表现为无知和狂妄。

人人都向往成功，通往成功的道路有千万条，不管你怎么走，切记不要滑到狂妄自大的歧路去。狂妄自大不但会迷失你的方向，还有可能使你前功尽弃。

低调不是无能，是一种聪明。只有那些一贯自负的人，表面看起来能言善辩，似乎没有他干不成的事，实际上是语言的巨人行动的矮子，是很愚蠢的。

工作上要低调，生活上也不例外。你再富有，也不必过于铺张奢华。人生无常，财富本就是过眼云烟。你今天富有，不能保证一辈子都富有。即便一辈子富有，也不能保证你的下一代就会富有。过度的铺张奢侈，纵然财富来路正当，但要明白猎人的枪口首先对准的是出头鸟。这样不但容易引起人的忌妒遭人暗算，又好比是种下了一枚苦果，到时“甜尽苦来苦更苦”，并不是什么好事。

是金子就别怕被埋没

SHI JIN ZI JIU BIE PA BEI MAI MO

“酒香不怕巷子深”是民间的一句俗语，就商品经济来说，固然有一定的道理。若是拿来喻做人，不得不改一字，叫“酒香也怕巷子深”。

每个单位，无论级别如何，既有人才，也有庸才，甚至有蠢材。打个简单的比喻：《西游记》中唐僧收的三个徒弟就是绝配。孙悟空上天入地除妖降魔，固然是个人才。沙和尚虽有些本领，但降妖业绩平平，充其量只能算个庸才。猪八戒懒惰好色，动不动就要散伙，不得不说是个蠢材了。唐僧去西天取经的路上，三个徒弟发挥了各自的作用。没有孙悟空，无法完成取经任务，若没有沙和尚，无挑夫事小，却找不出比他更适合的关系中和人，猪八戒看起来是孙悟空的助手，实际上起到了别人无可替代的作用。若没有了他，很多事情就要大徒弟孙悟空亲力亲为，西行路上也就没有这么多故事了。再反过来看，如若唐僧的三个徒弟都如孙悟空一般，个个本领高强，那么西行路上各行其是，唐僧再有上天的背景，也管束不了的。若个个都是沙和尚，不用说师徒四人早就被妖怪吃了。猪八戒就更不用说了，只怕才和妖怪斗第一个回合，就回高老庄当女婿了。

都说人才难得，其实妒才埋没人才的现象屡见不鲜。

譬如说某单位的“一把手”政绩平平，上级组织部门便给这个单位派去了一名年轻能干的副职协助“一把手”的工作。副职来到这个单位后，义正词严提了不少改进工作的建议，“一把手”表面上很是支持，背地里经常给这个副职使绊子，但都没能得逞。一次，外地一友好单位几个头头来到了该单位，“一把手”打了个照面后，以自己身体不好住院为由，全权委托副职陪同接待。与此同时，“一把手”又安排一心腹作副职的助手，并暗中嘱咐心腹随时向自己汇报情况。当天晚上，副职无法推辞外地几个头头的相邀，与他们在宾馆的住房里打起了麻将。“一把手”得知这个情况后，找人向派出所打了个举报赌博的电话。结果，派出所如期来到宾馆，将副职等一干人抓了个正着。当天晚上，“一把手”从医院直接来到派出所，除保释几名外地的头头外，对副职痛心疾首训斥道：“你怎么连这点觉悟都没有？如今正在禁赌的风头上，这根高压线岂是能随便碰得的。”副职双眼望着“一把手”，点头道：“我本来就劝他们莫玩了，可是……”“一把手”冷着脸道：“你别把责任往客人身上推了，你也是个男人，要敢作敢当嘛。”这事被捅到了纪委，毫无疑问，副职不但被撤销了职务，还落了个留党察看的处分。“一把手”这才放下心来，感觉自己的位置高枕无忧了。

有些单位的有些领导，宁肯要庸才蠢材，也不要人才。人才会直接威胁到他们的地位,影响他们的升迁。

在这里不妨提醒一下,假若你是个人才,千万不要恃才傲物。要有"卧薪尝胆"的策略,有大智若愚的气量。既要低调做人,也要扎实做事。树大招风,湖大招浪。在这个知识迅速发展的时代里,人才辈出,别太把自己高看了。是金子,总会发亮的。

执行掌控力要克制欲望
ZHI XING ZHANG KONG LI YAO KE ZHI YU WANG

常言道欲壑难填,人一旦欲望膨胀,什么坏事都干得出来。学会抑制欲望,是人生修炼的必要课题。

是人都有欲望,欲望并不可怕,可怕的是不懂得控制,毫无节制地放纵自己。怎么样抑制欲望,关键在于人要自制。什么该做,什么不该做,心底要有扇大门。

比如说当今查处的不少大"老虎",几千几百万元甚至几亿几十亿元地贪污,钱多得连他们自己都没了底儿。有人兴许会问,人无非就是一张嘴巴一天三餐饭,他们要这么多钱做什么?对于贪官们来说,钱不是用来解决温饱的,而是对权威的炫耀。权能生钱,钱能变权。没权,谁送你钱?没钱,又哪儿来的权?有权不用,过期作废,有钱不贪,过了这坳没有那山。于是乎,变本加厉巧取豪夺。最后,"药罐子"一满,把自己断送掉了。毫无疑问，他们是权力欲望膨胀的牺牲品。

比如说人见人恨的偷扒盗窃犯，他们不是生下来就要干这行当的，他们也明白自己的勾当十分可耻。可是为了不劳而获，为了一夜暴富，他们不顾人伦廉耻，铤而走险且乐此不疲。不能不说，他们是金钱欲望膨胀的牺牲品。

以上列举的这些欲望的膨胀，从小处说，是害己害家，往大处说，是害国害民。一句话，百害而无一益。既然如此，为什么我们就不能够抑制呢？你要明白，千百年来，人们对贪官的憎恨程度是非常大的，别抱着侥幸的心理。若要人不知，除非己莫为。即便做得再隐蔽再高明，总有露出破绽的地方。为了贪取那些身外之物而落得个遗臭万年的结果，实在是不划算。还有就是偷鸡摸狗奸淫掳掠的事情，这些都是触犯法律践踏良心的丑事陋习，是人就不该涉足，涉足了就有报应。别为了贪一己之利，图一时之欢而身陷囹圄毁了自己毁了家庭。

最近有媒体对那些触犯党纪国法，潜逃在外的犯罪分子的心态多有披露，他（她）们虽然身上藏有不义之财，但生活得度日如年。为什么？因为他（她）们犹如惊弓之鸟，在惶恐不安中度过。为逃避惩罚，躲躲闪闪，完全没有了人身自由，那种逃亡的日子简直不是人过的。试想一下，早知如此，又何必当初呢？

学会抑制欲望最有效的办法就是时刻牢记八个字：心静如水，知足常乐。人来到这世上，也就几十年的光景，生不带来，死不带去，能养家糊口就行了，何必去冒天下之大不韪呢？想一想，开开心心生活，快快乐乐过日子，不做亏心事，敲门心不惊，这样的日子多安逸多踏实！

寒号鸟的启示

HAN HAO NIAO DE QI SHI

传说有这么一种小鸟，叫寒号鸟。寒号鸟与别的鸟不同，它长着四只脚，两只光秃秃的肉翅膀，不会像一般的鸟那样飞行。夏天的时候，寒号鸟长着一身艳丽的羽毛，样子十分美丽，它骄傲得不得了，认为自己是天底下最漂亮的鸟儿了，连凤凰也比不过自己。于是它整天抖动着羽毛，到处走来走去，洋洋得意地唱着“凤凰不如我，凤凰不如我”。夏去秋来，别的鸟儿各自忙开了，有的忙着筑巢，有的开始飞到南方去，都在做着过冬的准备。可是寒号鸟既没有飞到南方去的本领，也不愿付出劳动筑窝，整天东游西荡，还到处炫耀自己羽毛的艳丽。寒冷的冬天来了，别的鸟儿都归巢躺在自己温暖的窝里，可寒号鸟不但身上艳丽的羽毛掉光了，也没避寒的地方可去。它躲在石缝里冷得直哆嗦，“哆哆嗦，寒风冷死我”地叫着。天亮后，太阳一出来，它又忘记了昨晚的寒冷，于是不停地唱着“得过且过，太阳下面暖和！得过且过，太阳下面暖和”。寒号鸟就这样一天天地挨着，没等到春天，就痛苦地冻死在石缝里。

这则寓言告诉我们，珍惜时间就是珍惜生命。为了让自己更好地生活下去，做好我们应该做的事情，别欠时间账。

现实生活中，往往有些人持有这样一种心态，以为最不值钱最廉价的就是时间。因为时间不要钱买，过了今天还有明天，过了今年还有明年。殊不知明天何其多，人生又有多少个明年。

比如说青少年学生吧，你要想学到扎实的基础知识，就得珍惜每一分每一秒。知识不是商品可以一次性买断，知识是靠一层层叠加累积而成的。要是老师布置的课外作业你今天推到明天，明天又推到后天，那么，你的学习成绩一定赶不上趟。升学考试时你再怎么抱佛脚，也已经为时过晚了。假若你是个公务员，就得遵守公务员的规章制度。如若你不能如期完成手中的工作，不能有所作为，那么等待你的，轻则是领导的批评和群众的不信任，重则是年终考评的不称职。假若你是个农民，什么时候播种什么时候收获都是有节气规定的，你违反了节气规律不能按时播种，农作物就达不到丰收。你纵然亡羊补牢，也是白忙活了。从另一个层面来说，时间是一种诚信的象征。你与人相约什么事，如规定的时间内不能落实到位，就会失信于人。开会你不能按时到达，就是对主持会议的人不尊重，你与朋友约会，若不能如期而至，有可能就会失去一桩美满的姻缘。

人是高级动物，与所谓的“寒号鸟”有其本质区别的。时间对于无所作为的人来说，无关乎生死存亡，的确算不了什么，但对于一个有事业心的人来说，时间比金子都要宝贵。金钱可以买到金子，但金子再多也换不回时间。古人说的“一寸光阴一寸金，寸金难买寸光阴”，就是这个道理。

我们可以这样说，什么账都可以欠，但不要欠了时间账，因为时间账不是能够偿还得了的。时间账欠的越多，你的人生就越是失败。习惯于欠时间账的人，不但会使自己处于被动挨打的地步，还有可能会成为现实中的“寒号鸟”，被欠下的时间账毁了自己。

第三章

坚守才能梦想成真
十年磨一剑

——世事多艰，痛苦往往与成功相伴，磨难总是与事业相随。要想有所作为，必须甘于寂寞，丢掉幻想，不惧挫折，抑制负面情绪，拿出“十年磨一剑”的胆魄来，牢牢掌控自己的命运。

在挫折中掌控情绪

ZAI CUO ZHE ZHONG ZHANG KONG QING XU

人的一生中，挫折和困难像是挣不脱的魅影，总是如影随形。而挫折和困难又往往是滋生各种负面情绪的导火线，不懂得控制情绪，必将酿成悲剧。

《唤醒心中的巨人》一书的作者安东尼·罗宾说过："成功的秘诀就在于懂得怎样控制痛苦与快乐这股力量，而不为这股力量所反制。如果你能做到这点，就能掌握住自己的人生，反之，你的人生就无法掌握。"安东尼·罗宾所说的痛苦与快乐，其实指的是两种情绪。挫折产生痛苦，顺境衍生快乐。他所说的反制，意即告诉人们：面对挫折不要悲观失望，否则容易前功尽弃，在顺境面前不要得意忘形，否则会乐极生悲。这条至理真谛，充满着无限的人生哲理。

如何面对挫折，不因挫折衍生的负面情绪所困惑，最后一举成功的事例不在少数。

林肯的父亲是个农民，家境极为贫穷。林肯断断续续地接受正规教育的时间，加起来还不足1年。但林肯从小就养成了热爱知识、追求学问、善良正直和不畏艰难的好品质。他买不起纸和笔，就用木炭在木板上写字，用小木棍在地上练字。他抓紧一切时间看书学习，练习讲演。林肯失过业，做过工人，当过律师。从29岁起，他开始竞选议员和总统，前后尝试过11次，失败过9次。最后一次成功是在他51岁那年，他终于问鼎白宫，并取得了辉煌的业绩。

世间类似的例子，人人皆耳熟能详。问题是在挫折和困难面前，并不一定人人都能掌控自己。面对困难和挫折，有成功的，更有失败的，或者说在挫折的折磨下真正能成功的不是很多。假若林肯不如此发奋努力，他顶多也就是个默默无闻的农夫。对此，泰戈尔有段至理名言，他说："只有经历地狱般的磨炼，才能拥有创造天堂的力量；只有流过血的手指，才能弹出世间的绝唱。"他的这番话，皆是成功秘诀的最好诠释。

挫折最容易让人灰心丧气，甚至一蹶不振。但挫折对于意志坚定的人来说，无疑是一个最好的历练机会。假若林肯是一位富家公子，很难说就一定能爬上总统的宝座。正所谓"自古英雄多磨难"，如果我们能真正明白这个道理，那么在任何困难和挫折面前，都会笑着面对，不会被一时的负面情绪所困惑。无论多么艰难，我们都要坚信：寒冬终会过去，迎来的终将是一片百花盛开的春天。这是一种大度，更是一种心境。有了这种大度和心境，任何情绪也阻挡不了你前进的脚步。孟子也说："故天将降大任于斯人也，必先苦其心志，劳其筋骨，饿其体肤，空乏其身，行拂乱其所为，所以动心忍性，增益其所不能。”先哲的这段话告诉我们：谁都有机会担当大任，要想达到自己的目的，必先舍得吃苦，不怕挫折和失败。他说的“行拂乱其所为，所以动心忍性，增益其所不能”，意即是说不要被情绪乱了阵脚，坚守忍性，方可无所不能。

逆境中不可缺少掌控力

NI JING ZHONG BU KE QUE SHAO ZHANG KONG LI

首先要明白，人的一生，有顺境，也有逆境。不可能顺境走到底，也不可能逆境走到老，关键在于你怎么去掌控。

顺风顺水固然能使航船直达成功的彼岸，但有时候逆风逆水也会如影随形。那么遇到逆境该怎么办，是逆水行舟？还是半途而返？

现实生活中，逆境不会因人的艰难而退隐。比如说，业务洽谈眼看要大功告成，想不到半路上杀出个程咬金，给你一盆冷水；升学考试本来十拿九稳，因为粗心答错了一道题，没上成重点；求职笔试面试都没问题，满以为高枕无忧等着上班了，可等来的是个不予录用的电话；十年寒窗考取了重点大学，却因缴不起学费而失学。等等这些，你想躲都躲不开。在这种情况下，要想在逆境中开辟一条出路，唯一的办法就是付诸行动，奋力一搏。这种行动，叫行动力。

说到行动力,笔者想到了一个驴子的故事。

过去,某农夫家养了一头驴子。一天,驴子不小心掉进了农夫家废弃的枯井里。驴子在枯井里哀嚎着,农夫想方设法要把驴子救出来,可由于枯井很深,始终无法救上来。农夫无法,只得忍痛把驴子埋在枯井里。他开始往枯井里填土,驴子了解到自己的处境后,求生的本能使他不断抖落身上的泥土,然后站到了泥土上面。就这样一而再再而三,驴子不断往上站,直到井口,驴子走出了枯井。

人们常称驴子为笨驴,一头笨驴尚且能如此,何况人乎!这个故事告诉我们,困境只是暂时的,只要舍得拼搏,敢于行动,不束手待毙,是能够逢凶化吉的。

逆境几乎与人随行,无处不在。假若你在单位没能受到上司的器重,也许是你什么地方得罪了上司,也许是你工作中哪个地方出现了纰漏,也许是你的言行没入上司的法眼。这个时候,哪怕是上司的错,你要是敢于与上司抗衡,你的处境会更加糟糕。你唯一的选择就是不断总给经验,扎扎实实把工作做好做细。只要做出了瞩目的成绩,上司就是再想刁难你,也找不出突破口。假若你是公司的销售员,谈崩合同影响了你的业绩,这个时候你没有退路,只能继续努力找到新的客户。你要是想靠跳槽来改变自己的处境,没门。因为哪个公司都一样,公司靠业绩才能生存下去,公司是不会养一个什么都不会的闲人的。假若你是名高考生,尽管你平时成绩出类拔萃,倘若一不小心考砸了,这个时候你千万别灰心。你要明白,世上没有绝对的常胜将军,人有失足马有失蹄的时候。你还有机会,还可以东山再起，机会永远是给那些执著向前的人的。假若你求职失败了，也不要紧，只要你有知识有本事，东边不亮西边亮，总有你的用武之地。人生不是赌场，人生的路上有平坦大道，也有坑坑洼洼的小路。无论你遇到什么样的困难挫折，只要你不灰心，不丧气，跌倒了爬起来。像驴子一样，使出你的全身力气拼搏一番。那么，你就会走出深坑趟过泥泞，你的人生将会焕发出灿烂的光芒。

逆境既能磨炼人的意志，也能激发人的潜能，而潜能就是产生行动力的主要成因。只有经历过逆境的历练，才能充分发挥行动力的效率，进而实现自己的人生目标。所以说，逆境对于人生来说并不是什么坏事。在逆境中成长起来的人，远比那些一帆风顺的人要稳重成熟，也更能经受住风吹雨打。

掌控未来追求卓越
ZHANG KONG WEI LAI ZHUI QIU ZHUO YUE

人的生命是有限的,正因为有限,才显得十分宝贵。我们不妨掐指算算,比如一个人活到八十岁,也就只有 29200 天。其中,从出生到大学 24 岁毕业,要占去 8760 天。在 60 岁退休到 80 岁共 20 年的养老时间,占了 7300 天。那么除去两头,真正干事业的时间只有 36 年即是 13140 天。细细一算,36 年还不到整个人生时间的一半。

看起来工作时间似乎有一万多天,焉知一天才多久,几乎一眨眼间,不知不觉就过去了。那么,我们每天不妨回过头来想一想:今天都干了些什么?是努力在实现人生的价值,还是在混沌中浑浑噩噩挨过一天?

对上班族来说,你忙忙碌碌一天,似乎就没时间停下来喘口气。那么,你得反躬自省,今天你是陷入了文山会海迎来送往中,还是在扎扎实实干好你该干的工作?迎来送往也好,文山会海也罢,虽然不可或缺,但能真正体现你价值的，还得是实实在在的东西。就像牛粪和庄稼的关系一样，牛粪可以肥沃庄稼，无论牛粪表面光与不光，肥效都一样，没有本质的改变。最关键的是要把精力放在培育庄稼上，浇水灭虫除草，适时把牛粪施到节骨眼上，庄稼才能茁壮生长。

经商或赋闲在家，也有个价值取向问题。比如，急顾客之所想，买卖公平，童叟无欺，你的价值自然体现在其中。倘若欺行霸市，以次充好，你卖出的东西不但骗取了人的钱财，又严重危害了人的身体。那么你不但没有生存价值，你的行为，已背离了道德底线，始终会受到良心的谴责，受到万人唾骂的。你是一个普通市民，因某些原因赋闲在家，你也不要无所作为。推动社会文明建设，要靠每个人的共同努力，你无权无职，你可以为维护社会的和谐做些力所能及的事情。无聊了，看看书报，喝喝茶聊聊天，锻炼一下身体都是好的。至少，不要整天沉溺于牌桌上。要知道，虽然打牌看起来是小事，但有时候会酿成大事。牌桌是战场，牌桌无父子，你不是在玩牌，你盯的是人家的口袋，你是在拿命做赌注。即使不以赌博为目的，通宵达旦夜以继日，你高度绷紧的大脑，你岿然不动的躯体，总有躺倒的那一天。再说了，人生就那么久，过去一天，生命中就少了一天，把时光白白浪费在这些毫无意义的事情上，实在不值。

人来到这个世上，不光是扛着一张嘴巴来吃饭的。为了生存，饭固然是要吃。但在自己吃饭的同时，还要考虑别人是不是也有饭吃，要有为这个社会创造精神和物质财富的欲望。你是个普通工人，你靠自己的双手为社会增砖添瓦了，你创造的财富远不止你所得的，即使你再穷，你的精神是富有的。倘若你是个老板，你富得流油又为富不仁，你赚钱是为了你自己花天酒地的生活。哪怕你名头再响，你对这个社会也没什么太大的价值。

因为你的出发点已经说明，你没有奉献精神，充其量只能算是台赚钱的机器而已。

每个人来到这个世上，从青年中年到老年，只是一眨眼的工夫。到了动不了的那一天，你是受人尊重，还是被人戳脊梁骨？这个时候，你的生存价值如何，才是对你最公正的评判。

有道是雁过留声，人过留名。这里所说的名，不是说职务有多高名气有多大。严格地说，名气与贡献不一定是成正比的。只有为人类做了好事，为社会进步作出了奉献，后人心中记得你，你的价值才得以体现，你的人生才称得上是卓越的人生。

人生第一步决定未来
REN SHENG DI YI BU JUE DING WEI LAI

小孩子迈出第一步，意味着从此踏上了人生的征途，事业能迈出第一步，说明你已离开了原地，开始了人生辉煌的跋涉。

小王是某名牌大学物理系的高材生，大学毕业后被分配到某行政单位做办公室文员。文员工作无非是写写材料上传下达。虽然小王的文笔不是很好，但上传下达无非是跑跑腿，加上他为人本分，脚杆子又勤，领导和同事也时不时赞扬他几句，倒也轻松舒坦，他觉得这份工作安逸，待遇也好，又没什么压力。就这样，小王在单位混了十年有余，许多同事调的调提拔的提拔，可小王仍然是个文员。一天，小王遇到一个从外地来出差的大学同学，通过交谈得知，这个同学已是某机械研究院的教授兼副院长了。当同学问及他现在任何职务时，小王摇头叹了口气，只字不答，羞愧之色溢于脸上。同学也不追问,沉默了一会儿说:“恕我直言,你这种性子的人,是不怎么适宜在行政单位混的。你的学习成绩一直比我好, 要是学有所用,一定会比我有出息的。”见小王仍不说话,又说:“老同学,你愿意去我们研究所工作吗? ”小王望了老同学一眼说:“我这大年纪了,你们能要? ”同学点点头说:“只要是人才,要肯定是可以要的,不过你得写篇有分量的物理论文,要是被我们院长看中,事情就好办多了。”小王沉思了许久,咬牙点了点头,花了两个晚上的时间,把写好的论文交给了老同学。没过多久,小王被调到了机械研究院工作。这时候的小王如鱼得水一般,研发了不少的科研成果,对改进和提高机械性能取得了令人瞩目的成就,为此多次受到嘉奖。不到两年时间,被破格提拔为副教授。

一匹千里马被农夫用来耕地,肯定发挥不了它日奔千里的作用。如果把它放在广袤的平原上,它就有可能本性大发,令人刮目相看。小王的成功,不能不说是一个很好的典范。如果他不能迈出这一步,如果他贪图安逸,如果他没能遇到伯乐,他不可能有什么大的作为,也有可能永远都是个任人驱使的文员。

每个人都有自己的长处,每个人都希望自己能成功。虽然成功的因素涉及方方面面,最关键的,还是要有勇气迈出第一步。也就是说,特别的人要体现特别之处。所谓的特别之处,不是出风头,是要适时表现自己的才能。要知道,这世上看重的是人脉关系,真正的伯乐是不多的,有也要靠缘分,且缘分并不是每个人都有的。你再是一匹好马,你不跑,人家不知道你是千里马。所以说,唯有迈出第一步,接着就有下一步。迈不出第一步,只能永远在原地踏步。比如说一群人站在眼前, 着装高矮看上去都差不多,谁也不会去注意某个人,关注的是整个人群的动向。如果其中有一个人大胆地站出来展示自己,那么毫无疑问,人们的眼光会全转向这个人了。同样的道理,你再有本事,你不能表现出来,人家不是你肚子里的蛔虫,不会知道你有多大能耐。你不善于发挥出来,才华烂在肚子里,只能永远是个平庸无奇的普通人,固然得不到人家的重视。

像蜘蛛一样锲而不舍

XIANG ZHI ZHU YI YANG QIE ER BU SHE

蜘蛛结网捕获蚊虫，是许多人都能看到的现象。偌大的天井上方，一张硕大的蜘蛛网像一张渔网平挂在正中，一只蜘蛛正来去自如在蛛网上将被网到的蚊蝇用丝缠成团，慢悠悠享用起来。那份神态，比猎人捕获猎物省事多了。你可曾想到，天井有丈余长宽，蜘蛛网又是怎么拉起来的，难道蜘蛛会飞？通过观察得知，原来蜘蛛并不会飞，它织成的这张网，可谓花费了很大的力气。蜘蛛织网一般是在夜间进行。这种时候夜静更深，没人打扰它。它从一边开始，将丝打结，顺墙而下，一步步越过天井，小心翼翼，翘起尾巴，不让丝沾到别的物体上。然后爬到对面的屋檐上，看看高度和对称差不多了，再把丝收紧。然后反复采取这个办法，把网的直线织均匀后，再爬到中间，开始由里向外编织横网丝。织成一张直径几十公分到一米的网，一只蜘蛛大约要忙活好几个时辰，到天亮时就完工了。且蛛网工整精巧，很是漂亮。倘若这家的主人嫌蛛网挂在天井上有碍美观,用竹棍一扫,蛛网立时化为乌有。但蜘蛛并不气馁,又会开始重新织网。织了被毁,毁了又织,从不间断,也从不知疲倦,这就是蜘蛛锲而不舍的执著追求。

通过蜘蛛结网不难看出,天才来自于勤奋。很多事情看起来不可企及,但只要专注于此,坚持不懈地努力,再难的事情都可以办到。

著名数学家陈景润专注于研究数学领域,起初并不被人认为是个天才。他为了破解世界数学难题,数年如一日废寝忘食,终于研究出了"哥德巴赫猜想",为世界数学领域作出了重大贡献。

诺贝尔文学奖得主莫言,小学五年级就辍学。数年来他依靠锲而不舍对文学事业的追求,写出了很多有影响的好作品,并成为了中国第一个获得诺贝尔文学奖的作家。

世界上只有想不到的事,没有办不到的事情。很多的科研成果,无一不是千千万万科学工作者辛勤付出的结果。没有一种敢想敢干的精神,是什么事情都干不成的。

同样做一件事情,勤奋与懒散会带来不一样的结果。比如说学业,专心学习和三心二意的人考试成绩显然有差距,因为世上没有天生就会的人,比如说种植业,同样一块地,多施肥勤除草与少施肥不除草收成会明显不一样,付出的多,地里回报给你的才多。

所以说,无论从事什么工作,只要我们勤勤恳恳任劳任怨,像蜘蛛一样锲而不舍,就一定会有收获。记住,别指望手到擒来,也别梦想天上会有掉馅饼的好事。要想成功,只能靠自己。

融入团队借力发力

RONG RU TUAN DUI JIE LI FA LI

俗话说："单丝不成线，独木难成林。"一个人若想成功，要么组建一个团队，要么加入一个团队。武功讲究借对方的功力出奇制胜，要成就自己，也可以吸取武功的成功技巧。

所谓的借力发力，是一种策略。在这个瞬息万变的世界里，靠单打独斗，路会越走越窄。选择志同道合的合作伙伴，意味着选择了成功。

比如说你要攀上一堵高墙，而墙体又没有可供你抓手的东西，你想徒手往上爬已是不可能。那么你唯一要做的是要借助梯子。这把梯子，就是众人。

你再怎么能干，也离不开团队的协助。众人拾柴火焰高。靠你一个人的力量，纵然火烧起来了，也不会很高，终有灰飞烟灭的时候。

用梦想去组建一个团队，用团队实现自己的梦想。对方是谁并不重要，重要的是站在他身后是一群什么样的人。

团队是一股集体的力量,不要期望人人都对你如何的好。你唯一能做的,就是借力发力,到达事业的顶峰。

蜜蜂之所以产生了价值,不在于蜂王如何的能干,而在于成千上万只蜜蜂的辛勤劳动。蜂王一旦离开了蜂群,就有被别的蚊蝇消灭的危险。

狮子号称山中之王,可狮子也明白团队的重要性。若是想捕获强劲的猎物,再凶猛的狮子单打独对未必能取胜。所以狮子喜欢群居,懂得依靠集体的力量才能生存下去。

抱着侥幸取胜心理,未必一定能取胜。依靠团队的力量,才能战无不胜。

光有团队精神还不算。团队与坚守相结合,才是成功的关键。

要明白,干事业必须吃得苦耐得劳。如果感到自己很累很辛苦,那就对了,因为累和苦是成功前的收获。这时候你要告诫自己,走上坡路肯定要辛苦,不辛苦又不累,说明已经在走下坡路了。所以无论怎样累怎样辛苦,你都要坚持。

苦,才是真真切切的人生;累,才是踏踏实实的工作。

掌控取舍是成功的前奏

ZHANG KONG QU SHE SHI CHENG GONG DE QIAN ZOU

说到取与舍，不由想起了一则故事。

有一家兄弟俩父母早亡，兄弟俩生活很贫困，穷得吃了上顿没下顿。一天晚上，兄弟俩喝着仅有的一碗粥，长吁短叹为明天无米下锅发愁时，门外来了一个乞丐。老二看乞丐奄奄一息的样子，顿生怜悯之心，便将手中正准备喝的一小碗粥全给乞丐吃了。乞丐临出门时交给老二一张纸条，也不说话就走了。老二瞧了一眼纸条上方画了一轮明月，明月下是一座金光闪闪的山峦，不解其意，想追上乞丐问个明白，哪知眨眼间乞丐没了人影。老二只好拿着纸条回到屋里，这时候老大喝完了粥，他嘴巴一抹从老二手中接过纸条，翻来覆去看了许久，然后大腿一拍对老二说："这座山不正是我们常去砍柴的珍珠山吗？"老二定睛一看，点头说是，又纳闷道："乞丐送这张纸条给我,是何用意?”老大双眼一眨说:“刚才的乞丐肯定是仙人变化,来给我们指路,珍珠山上有宝物哩。”老二摇头道:“我们经常去那山上砍柴,没见有什么宝物啊!”老大指着纸条上的一个月亮说:“这你就不晓得了,我们砍柴是白天,有宝物也发现不了,只有到月圆的晚上,才能寻到宝物哩!”老二将信将疑,于是等到十五的这天晚上,老大腰扎一只麻袋,和老二往珍珠山出发了。二人来到山上,山上果然金光闪闪,处处铺满了珍珠。老大高兴极了,一口气拾满了一麻袋珍珠,浑身上下的口袋里也全塞满了。老二却不一样,他看到满山的珍珠,想到君子爱财取之有道的古训,丝毫不为所动。最后,他发现山顶的光亮特别大,有些诧异,于是往山上跑去。跑呀跑呀,一直跑到了山顶。这时,他发现山顶的一处石洞里豪光雪亮,把整个山峦照得如同白昼,低头一看,发现一条巨蟒守着一块拳头大的钻石。他心惊肉跳刚要转身离开,突然间巨蟒变成了那个乞丐。乞丐也不说话,将钻石递给老二。老二小心翼翼接过钻石,往山下走。他想起了一同来寻宝的哥哥,便一路走一路喊,不见有哥哥的答应。直到天亮时,才在距家不远处的一棵大树下,发现老大已经累得吐血而亡。旁边,是一个装满了小石子的大麻袋。

世上美好的东西实在是太多太多了,你不要认为手中有权有势,美好的东西都是属于你的。你只能索取你的那一部分,不属于你的,要舍得放弃。要是贪得无厌只知索取舍不得放弃的话,就像故事中的老大一样,你不被撑死,也会被累死。

比如,你是一名即将毕业的高中生,你将要面临选择什么样的大学。在我们国家,大学达两千多所,好的大学也不少。填报第一志愿时,你只能根据分数择其一所。若你违背规则贪好求胜,就有可能被淘汰。大学毕业时,你又面临就业的问题。好单位多,但求职的人也多。你优秀,说不定别人会比你更优秀。那么你同样要正确估量自己的斤两,摒弃你认为更好的单位,选择适合你的工作。婚姻也一样,这世上美女帅哥多的是,属于你的只有一个。其他(她)的,再优秀再漂亮,你也只能舍弃。

每个人来到这个世上,大自然赋予了各自的生存权利,就像一锅饭摆在你面前,你不可以独吞,只能索取你的那一份,剩下的,你只能放弃。所以,该索取什么,该放弃什么,要遵从人生的游戏规则。所谓的游戏规则,也就是严峻的生存法则。

聪明的人不怕麻烦
CONG MING DE REN BU PA MA FAN

每个人每天都生活在各种各样的麻烦中,有人聚居的地方,就有麻烦存在。在麻烦中解决问题,在解决问题中化解麻烦,在麻烦与被麻烦中增进感情,体现价值,完善自我。这种麻烦,就是生活。

子女淘气不听父母的话,喜欢我行我素,在父母看来,真是麻烦;父母对子女指手画脚,这也不行那也不是,成天叨唠不止,在子女看来,麻烦死了;夫妻吵架,公说公有理,婆说婆有理,互不相让,委屈之下,会觉得对方麻烦透顶了;朋友一遇事就找上门来寻求帮助,虽然倾力相助,但次数多了,心里也不免有些烦对方;下属动不动就请示上司,在主管看来,不请示吧,下属目无领导,但请示多了,主管又觉得挺麻烦;主管有些官僚作风,喜欢瞎指挥,下属不听吧,会遭受批评,听吧,又觉得毫无意义。两难之中,就两个字:麻烦。

明明挺简单的事,不想中间出了岔子使事情变得复杂了。要想把复杂的事情再简单化,真的挺麻烦。

总之,生活中麻烦的事情无处不在,无时不有。遇到麻烦,皱眉退缩惧怕,只能使事情变得更加复杂化。越是复杂的事情,处理起来就更加麻烦了。与其这样,我们还不如换一种想法,把麻烦的事情化解于无形之中。

子女在父母面前淘气,是子女的本真,做父母的应耐心引导多方教育才是。要明白,当子女不再麻烦你的时候,已经展翅高飞远离你了。

父母的叨唠,是对子女"恨铁不成钢"的一种期望。当父母不再叨唠你的时候,已经不在人世了。

夫妻间的磕磕碰碰在所难免,应相互包容理解才是。若是没有了一点摩擦,对方可能已经劳燕分飞去麻烦别的人了。

朋友找你帮忙,说明你有这方面的能耐,没能耐他也不会找你。帮与不帮是一回事,成不成是另一回事。何况,你也有需要朋友帮忙的时候。若你嫌麻烦置若罔闻,可能已经得罪了朋友。

下属遇事请示主管,说明下属心目中有你这个主管。若你嫌麻烦冷脸相待,你也因此得不到下属的真心尊重了。

下属觉得上司是瞎指挥,挺麻烦的。其实,这世上瞎指挥的不止他一个。你因此嫌麻烦得罪了主管,意味着你的前途画上了句号。

生活中,麻烦无处不在。你要是嫌麻烦的话,什么事情都有可能干不成。有些事情虽然看起来挺麻烦的,但是只要你耐得劳吃得苦,有种不怕麻烦的心态,那么,你就能在麻烦中变不利为有利,你的人生之路也会变得宽广起来。

麻烦其实是一个相辅相成的过程。别人麻烦你,你也会麻烦别人。别人不麻烦你了,说明你在别人眼中已失去了可以麻烦的价值。

快乐情绪提高效率

KUAI LE QING XU TI GAO XIAO LV

快乐不等于快活，快乐是一种朝气，一种愉悦向上的情绪。快乐情绪产生力量，快乐情绪能够提高工作效率。一个单位有个快乐的工作环境，有种分工合作的和谐氛围，大家工作起来才得心应手，工作效率也会大大提高。倘若一个单位死气沉沉，相互猜疑戒备，人人勾心斗角，必是人心惶惶。在这样的环境中工作，无异于在痛苦中煎熬，自然无快乐可言，也别谈有什么好的工作效率了。

毋庸置疑，一个单位的工作环境如何，关键在于单位的管理者。

作为一个高明的管理者，他不会成天醉心于“芝麻绿豆一把抓”的琐事。他的工作重心是善于驾驭人心，而不是在琐事上。因为只有人心所向，才是创造业绩的动力。试想一下，若是单位的“一把手”成天板着一副冷面孔，对手下人横挑鼻子竖挑眼的，容不得不同意见，也不给人家一点自由空间，动不动就训人整人，这样大家就会小心翼翼唯恐有失，时刻处在一种高压态势下。这种看起来表面服从的局面，实则内心人人反感。你说，这个单位的工作环境能够宽松活泼吗？工作效率能提高吗？显然不能。

善于驾驭人心是一门高明的管理艺术，更能体现领导者的管理水平。要知道，人都喜欢宽松的工作环境，向往人人平等的工作氛围。更何况，环境的宽松，能较好地激发工作热情，广开思路，收到事半功倍的效果。这里所说的宽松环境，不是没有纪律不遵守规章制度那种自由散漫的工作作风。没规矩不成方圆，何况是一个单位。所谓的宽松活泼环境，是管理者的礼贤下士，是平等下的一种默契，是心与心的自由碰撞。在这样的宽松环境下工作，可以放下思想包袱，没有了后顾之忧，即便某些地方做错了，也不会遭到上司责难，可以重新再来。若工作环境过于死板，心情处在一种无形的压抑中，单位没了活力，大家畏首畏尾，担心领导不满意，担心受到领导责难，在这种状态下工作，人心悬在半空，人人提心吊胆，生怕出现差错。事情往往就是这样，越担心出错越是容易出错，工作效率自然也不容易上去。

从工作能力上看，人与人之间有些差别不假，然每个人的工作潜能和热情是巨大的。引导发挥得好，虫子可以变成龙，发挥不当，龙也有可能蜕变成虫子。假若某人平时看起来业绩平平，如果换个方法加以引导的话，可以发挥意想不到的作用。环境能造就一个人，也能埋没一个人。

工作和生活环境有大环境和小环境之分，既然我们无法左右大环境，就得把握好自己的小环境。所谓小环境，就是属于自己的一方小天地。从古至今，在困苦环境中成才的人不在少数。个中原因，是他们能勇于把握好自己的小环境，迎难而上，坚守一种不惧困难锲而不舍的精神，终于功成名就。所以说,无论你所处的环境怎么样,若是想明白了这些,内心也就释然了,快乐工作和生活着才是至关重要的。快乐取决于心态,是一种内在的修养,不是谁的赐予。不要患得患失,也不要有太多的外在压力。成功了,无须骄傲,因为你本次的成功,并不能保证每次都能成功,永远立于不败之地只是一种希望,并不切合实际。倘若失败了,也无须气馁,因为你偶尔的失败,并不等于永远就失败。只要努力,成功的希望就在你面前。

诚然,积极乐观,释放压力,是快乐工作的前提。快乐是一种健康的心态,是一种积极向上的精神力量。如果仅仅把工作当成是一种谋生的手段,你会觉得很累很压抑,也是感受不到真正快乐的。要想快乐地工作着,外因是条件,内因是主导。外部环境的优劣,虽然能左右人的心态,削减人的意志,却抵挡不了一颗炽热如火的事业心。当一个人用爱生命一样来爱所从事的事业时,才是快乐工作的真正开端。

勇把磨难当福祉
YONG BA MO NAN DANG FU ZHI

人生处处有苦难,在苦难面前,有的人退缩了,有的人顽强地挺过来了。退缩的人就此沉沦,挺过来的从此成就了自己。

荣宏,在他很小的时候,家道突然中落,一下子由富人变成了穷人。这个残酷的现实对于刚懂事的荣宏来说,无异从天堂跌到了地狱。

当时,抚养一家老少的重任全落到了荣宏的母亲身上。他母亲常常为柴米油盐忧心如焚,晚上长吁短叹睡不着觉。荣宏见母亲如此焦虑,想为母亲分忧。可以前对自家恭恭敬敬常来常往的亲戚,这时候也躲得远远的。荣宏找上门想向他们借点钱,那些亲戚不但拒借,还百般嘲弄他。世态的炎凉,给了荣宏莫大的刺激,使他从富家子弟的美梦中彻底清醒了过来。荣宏痛下决心要争一口气。他父亲破产之前,荣宏在香港名校读书。在校期间,他是出了名的公子哥儿,学习成绩很差,被分在差生班。过去家中富有，成绩再差也可以读下去。现在家中吃了上顿愁下顿，仅靠母亲打工赚取微薄的生活费，哪里还有余钱给儿子交学费？

这时候的荣宏开始明白，穷人只有靠读书才有出头。于是他发愤读书，成绩居D班第一。这个成绩，在A班也能排上中上水平。荣宏如愿以偿获得了奖学金，开创了该校D班获奖学金的纪录。以后，他年年都获得了奖学金，以优异成绩考上了名牌大学，并获得了奖学金，这为他以后的奋斗奠定了坚实的基础。假若荣宏的家庭没有遭受什么变故，那么荣宏也就是个“富二代”，他的事业也不一定能做得这么大。所以说，有时候苦难可以催人奋进，苦难也可以造就天才。像荣宏这样的变苦难为动力，拼死一搏成就事业的，大有人在。

在漫长的人生旅途中，苦难并不可怕，受到挫折也无须忧伤。只要心中的信念没有被贫穷吞噬，人生的旅途就不会中断。

人生充满了太多的无奈，谁也不能保证富人能富一辈子，但穷一辈子的大有人在。穷则思变，才能从贫穷过渡到富有。所谓的穷则思变，就是要不甘贫穷，努力奋斗。不要抱怨生活有太多的曲折，也不要抱怨生活给了你太多的苦难，更不要抱怨老天爷的不公平。生活就是这个样子，没有天上掉馅饼的好事。

苦难能够磨砺人的意志，也能激发人的斗志。面对苦难，要想改变自己的命运，只有不懈奋斗，才是唯一的出路。法国作家巴尔扎克曾经说过，“苦难对于天才是一块垫脚石，对能干的人是一笔财富，对弱者是万丈深渊”。或许，当你走过繁华、阅尽世事时，你会幡然醒悟，苦难才是人生最宝贵的财富！

掌控情绪要有是非观

ZHANG KONG QING XU YAO YOU SHI FEI GUAN

茫茫人海，能够相识相知，不说是福分，也是一种缘分。作为同事，和睦相处，共图大业，当然是再好不过了。作为比同事更近一层关系的朋友，相互帮助，两肋插刀，固然可称可赞，但别忘了，无论是朋友也好，同事也罢，不要一味奉承，也不宜什么事都迁就。关系再亲近，也要明辨是非，这才是为人之道。若是凭着个人情绪是非不分，以江湖义气当先，不但害人，也会害了自己。

某单位A君是大家公认的老好人，同事遇到什么困难，他第一个主动帮助。平时，别人做得好的地方，他交口称赞，要是别人有不对的地方，他也从不反对。在单位里，看起来他的人缘是不错，但他遇到什么事情，能真心帮助他的人却很少，甚至每年年终的评先评优，也没有他的份儿。他有些纳闷,心想:我这样至善至美做人,也没得罪过什么人,为什么就得不到大家的认同呢?一次他与朋友喝酒聊天,朋友直截了当地对他说:“恕我直言,在你眼里,谁都是好人,谁也不敢得罪。平时大家恭敬你,是求你工作上帮点忙。一到关键时刻,别人就不会这样想了,因为你这样的人在单位掀不起什么浪,选不选你都无所谓,何况评先指标有限,这就是别人不选你当先进的原因。”A 君听了,沉思了一会儿说:“我爹说过,叫我到单位里多种花少栽刺啊。”他朋友笑道:“你爹只是叫你少栽刺,没说叫你不要栽刺啊!”A 君一听,似乎有些明白了。

同一单位的 B 君就不一样了,他有些恃才傲物,在单位里瞧不起任何人,仿佛只有他才能干,别人什么都不行。所以,无论是同事写的材料,还是同事做的任何事情,他都能从中挑出刺来。在单位里,新来的领导见 B 君说得头头是道,是个人才,便让他当办公室主任。B 君上任伊始,就摆出一副盛气凌人的态度,动不动就训人整人,把单位的气氛搞得很紧张。大家表面上不敢得罪他,背地里到领导那儿说他的坏话。没出多久,他的办公室主任就被撤掉了。

不得不说,A 君和 B 君是两个典型的极端。一个是净栽花不栽刺,一个是光栽刺不栽花。比如 A 君,如果能做到是非分明,栽花的同时也不忘栽点刺,让人在敬佩之中有点畏惧感,得到的回报自然是另当别论了。要知道, 人多少有点服硬不服软的心理。倘若你在单位里一味地讨好别人,没有一点儿个性,别人会认为有你不多,无你不少,正像 A 君朋友说的那样,无论别人怎么对你,你也掀不起什么风浪。当然了,像 B 君一样为人处事,更让人倍生反感。他再怎么聪明能干,也逃不出失败的命运。学历再高,知识再广，只能说明文化程度，却无法让自己十全十美。因为你是人而不是神，是人就有优点和缺点，有长处也有短处。常言说的“尺有所短寸有所长”，就是一个十分恰当的比喻。

没有荆棘的存在，便体现不了花的珍贵艳丽。虽然有时候荆棘能刺激人的潜能，激发人的斗志，但也能伤害人的自尊。人生何处不相逢，刺栽多了，必然树敌太多，只会让自己处于尴尬的人生境地中。比如说某某上司要求大家给他挑刺，明眼人一听就明白，那只是违心的话。这种所谓的挑刺，实际上是拐弯抹角的歌功颂德。如果你真要给领导挑了刺，到时不给你小鞋穿才怪哩。

同事和上下级之间也好，朋友也罢，在无伤原则的情况下，遇事不宜斤斤计较，当以宽容为重。因为你的宽容，换来的是你今后的平安。但也不能没有一点是非观念，善意地指出对方的缺点不是挑刺，是一种关心和爱护。别忘了，谁都是有缺点的，帮助对方纠正缺点不可怕，可怕的是在别人的伤口上再捅上一刀。

承受痛苦才能掌控未来

CHENG SHOU TONG KU CAI NENG ZHANG KONG WEI LAI

人都有自己的过去,或光鲜荣耀,或不堪回首。很多时候,过去的日子过得光鲜的人,往往喜欢在人前炫耀那些一丝一毫的生活点滴,动不动就是老子当年怎么怎么的,得意之情溢于言表。至于现在和将来怎么样,似乎并不重要。还有一种人就是,被过去痛苦的阴影笼罩了一生,三句话不离过去,仿佛世界上只有他(她)吃的苦最多,受的打击最大。

痛苦是挫折和困难的产物,也是负面情绪的感触。人来到这世上,苦难也伴随而来。为吃饭愁,为穿衣愁,为住房愁,为婚姻愁,为工作愁,甚至为子女愁。一个“愁”字,因事不遂心而愁肠挂肚痛苦不迭,始终没个尽头。说到底,人生之所以痛苦,一是看不透,看不透人际交往中的纠结和争斗后的伤害是必然的产物;二是舍不得,舍不得曾经精彩岁月时的虚荣和得意时的欢笑;三是放不下,放不下已经过去的人与事和早已尘封的是与非;

四是输不起,输不起曾经的一段感情和一时的失败。

人不是一生下来就来享福的,即便那些富二代,也有他们的苦恼。家家有本难念的经,人人都有部痛苦的账。只是有的人把痛苦埋在心底,不轻易示人而已。

过去的光环,并不代表现在和将来人生的路就多么有价值。过去的痛苦,或许是催人奋进的动力。倘若整天沉浸在痛苦中唉声叹气不能自拔,不但一事无成,你的人生也会被痛苦击倒而变得暗淡无光。

有这么一个人,本来儿女大了又都有了工作,日子也算是熬到头了。可她仍是不满意,老喜欢拿过去的那些痛苦事说事儿,动辄就眼泪汪汪教育子女:"我小的时候饭都没得吃,你们嫌这嫌那不好,花钱大手大脚,真是气死我了。"一天,她儿子执意与妻子离了婚,她想到白白损失了好几万元,无不痛心疾首,茶饭不思,哭了整整三天三夜。就这样,由于她过于纠结藏在心中那些痛苦的创伤不能释怀,觉得儿女不听她的话,为此整天忧心忡忡,老是板着一副脸,没人见她笑过。

也曾听人讲过一则笑话:

一位父亲见儿子没有合口的菜不想吃饭,便对儿子说:"你生在今天还能吃饭不愁,我们那时候连饭都没得吃,天天是吃红薯。"他儿子反唇相讥道:"红薯多好吃啊,我宁可吃红薯,也不要吃饭。"他听了儿子的话,竟有些哭笑不得。

时代不同了,生活习惯和思维方式也发生了改变。远的不说,就拿二十世纪六七十年代来说吧。那时候的城里看不起农村人不说,什么土鸡土菜,根本就不屑一顾。可如今呢,城里人变着法子往农村跑,有的还到农村承包土地种起农作物来,土鸡土菜柴火饭比山珍海味还受欢迎。这不能不说是时代发展的变迁,也是人的思想观念质的升华。

应该说,拿过去的事儿教育子女勤俭节约,是没什么错。错就错在没有掌握好度,能熬过那些痛苦的日子,说明人生的路已经步入了新的里程碑。

“一朝被蛇咬,三年怕井绳”的心态虽然能让人小心谨慎,但也会束缚人的手脚影响人的斗志。不管你曾遇到过什么打击,经受过什么痛苦,那都是过去了的事儿。过去了的事就让它永远都成为过去,不必为此纠结不安,也不必为此在心理上增加新的痛苦。尤其是在掌控未来时,不但要忘掉过去的痛苦,更要藐视人生途中新的挫折,把挫折乃至痛苦当做磨砺自己意志的必修课,这样才不致被痛苦所击垮。

每个人都能成功

MEI GE REN DOU NENG CHENG GONG

成功没有想象的难，每个人都可以成功，就看你敢不敢去想，敢不敢去做。

1965 年，一位韩国学生到英国剑桥大学主修心理学。为了更好地了解成功的诀窍，每天喝下午茶的时候，他常常到学校的咖啡厅喝茶，听一些成功人士聊天。来这喝茶的成功人士有诺贝尔奖获得者，也有某些领域的学术权威和一些创造了经济神话的人。这些人风趣幽默，举重若轻，把自己的成功看得非常自然和顺理成章。他由此发现，成功并不像国内有些人说得那么难。于是他通过不懈的努力，成为了韩国某汽车公司的总裁。

成功与“劳其筋骨，饿其体肤”或“头悬梁，锥刺骨”没有必然的联系。说到底，成功在于你有没有兴趣专注于一件事情上。若能高度集中在一件事情上，水能穿石，铁棒也能磨成针，不愁不能成功。如果心中有块“顽石”，老是觉得成功是件遥不可及的事情，不敢迈出第一步。即便迈步了，遇到困难又退了回来。抱着这种心态，你永远也难以成功。

从前，有户人家的路边半埋着一颗大石头，稍不注意就会被石头绊倒。一天，儿子站在石头上问他爹：“爹，这块石头老是绊人，为什么不把它挖出来搬走呢？”儿子爹摇头说：“这块石头从你爷爷时起就一直在这里了，体积这么大，要是能搬走的话，早就搬走了。走路小心一点，它就不会绊人了。”若干年后，当时的儿子娶了媳妇，也做了爸爸。他儿子同样问他为什么路边要留着这样一块妨碍走路的石头。他也同样拿父亲对自己说过的话对儿子说了一遍。他儿子却不以为然道：“如其走路碍脚，还不如把它挖出来得好。”于是，儿子稍长大了后，拿来锄头，又用水把石头四周淋湿。他想，也许要挖一天或者几天才能把石头挖出来。没想到他几锄头下去，那块看似坚固的石头开始松动了。他又经过一阵挖掘，只用了一刻钟，就把石头挖出来了。他把石头滚到一旁，把坑洞填平，路不但宽敞多了，看起来也顺眼多了。他父亲闻讯来到路旁，惊讶地对儿子说：“我一直以为石头很大挖不出来，没想到这样容易就让你挖出来了。”

有些事情，看起来很难，真要动手去做，你会发觉并没有想象的那么难。

你想当个老板，你就得从底层做起，从小事做起。学会管理，学会经营，打通人脉，积累物质和社会财富。

你想当个商人，就得了解商品流通和商品销售情况，揣摩顾客需求，摸清地区差价基数，确定经营范围。

你想当个作家，就得观察生活熟悉社情民意，了解各阶层人群的生活习性。还要耐得住寂寞，不怕退稿，把生活变成清新的文字，感染人熏陶人。

你想当个画家，你就得学习绘画的基本技巧，掌握各大门派的绘画风格。从临摹开始，通过写生，创作出自己高品质的独特画作。

你想当个科学家，就得攻其一点，触类旁通。不怕挫折，不怕失败，有跌倒了爬起来从头再来的勇气和胆魄。

总之，你想做什么，而且要想成功，就不要怕失败，更不要中途退却。失败了，是教训。吸取教训，才能迈出更扎实的步子。中途退却了，意味着你前面付出的努力等于白费了，成功与你擦肩而过。

有付出才有回报。成功并不难，难的是你有没有勇气踏向通往成功的路。

靠自己最踏实

KAO ZI JI ZUI TA SHI

造物主在塑造人类和动物时,不会那样地十全十美,总会留下一些缺陷,让他们自己去设法完善。

一天,素有森林之王之称的狮子来到天神面前,先是感谢天神赐予了它强大的体格和力量,转而说:“尽管我的能力很好,但每当半夜鸡鸣的时候,我总是会被鸡鸣声吵醒。祈求天神再赐给我力量,让我听不到鸡鸣声。”天神笑道:“这个很容易,你去找大象吧,它会给你答复的。”狮子来到湖边找大象,还没见到大象,就听到大象“嘣嘣”跺脚的声音。狮子走到大象跟前问大象:“什么事让你发这么大的脾气呀?”大象摇晃着大耳朵吼叫道:“有只讨厌的蚊子钻到了我的耳朵里,摇也摇不出来,害我痒死了。”狮子通过观察大象,终于明白了天神的意图。与大象比起来,蚊子一天到晚骚扰大象与鸡鸣一天一次打扰自己的睡眠，自己的痛苦是小得不能再小的了。原来天神让我来找大象，就是想告诉我，谁都会遇上不如意的事情，世界那么大，天神也帮不了那么多，只能靠自己了。于是狮子不再找天神诉苦了。

生活中，不如意之事十之八九。在困难和挫折面前，怨天尤人不但解决不了任何问题，而且只会是自寻烦恼。我们唯一能做的，就是自强不息，在困难和挫折面前不低头。

倘若你是个农夫，天上久旱不雨，你想等天上下雨拯救庄稼，只怕庄稼要颗粒无收了，你想活下去，得想其他办法抗旱才行。你是个学生，学习上遇到了难题，你不能怪老师题目出得太难，又不能祈求老师帮你来做，也不能老抄别人的作业，你得刻苦学习弄懂题意，才能对你的学习有所帮助。你是个职员，工作上遇到了困难，你也不能老叫领导帮你来解决，要是这样，上司要你有何用处？摆在你面前的路有两条，要么迎难而上，要么灰溜溜离开。

你立志成才，就得做好被困难和挫折折磨的准备；你要经商，就得有蚀掉老本的打算。世上没有现成的好事等着你，成功的路充满难以预测的风险，这是一条自然法则，谁也改变不了。别指望有人帮你，帮得了一时，却帮不了一世。路靠自己去走，困难靠自己去克服。靠别人欠下的是人情债，靠施舍永远都成不了气候。唯有靠自己，才最踏实。

不奋斗，将一事无成，要奋斗，就会面临各种各样的困难。困难好比是一条张牙舞爪的狗，你越怕，它就越向前缠着你。你要是拿出比狗还要凶猛的勇气来，它也许因惧怕而后退。在困难面前，畏惧不前只能是前功尽弃，挺过去了就是柳暗花明。

选择决定掌控力
XUAN ZE JUE DING ZHANG KONG LI

有什么样的选择，就有什么样的人生。在人生的十字路口，你选择的方向对了，你的未来将会充满一片阳光。所以，选择什么样的道路，不但要有睿智的眼光，更取决于你自己的掌控力。选择对头了，再好好掌控自己不至偏离方向，你就有可能取得成功。

有这样一个故事：说的是三个犯人各判了三年徒刑，被一同押到监狱时，监狱长答应他们一人可以提一个要求。其中的美国人爱抽雪茄烟，要了三箱雪茄，法国人浪漫，要了一个美丽的女人，而犹太人说，他要一部与外界沟通的电话，监狱长也答应了。三年过后，第一个冲出来的是美国人，他鼻孔里插满了雪茄，大喊道：“快，给我火。”原来他三年前忘记要火柴了；接着出来的是法国人，只见他手里抱着一个孩子，跟在他后面的女人牵着一个孩子，肚子里还怀着一个；最后出来的是犹太人，他紧紧握住监狱长的手说："谢谢你给了我一部电话，这三年来我每天都与外界联系，我的生意不但没有停顿，反而增加了一倍。"

三个人有三个不同的选择，最后决定了不一样的人生。美国人和法国人一个贪图享受，一个贪图美色，结果是一个三年从监狱出来一事无成，一个背上了抚养三个小孩的包袱，只有那个犹太人才有远见，在监狱也不忘自己的生意，他的成功是必然的。

某公司一名高管年薪五十万元，可以说是一份人人羡慕的工作。可他竟然作出了一个决定，辞职回乡承包了一片山林种起果树来。有人说他是有福不晓得享，生得贱。他父母劝告他不成，气得吐血。然他没有改变自己的选择，一心扑在种植业上。他利用承包的山林，不但种植了一大片稀有果树林，还养了几百只山羊。经过几年的打拼，他成功了。他不但有了自己颇具规模的养殖场，还建起了肉食品加工厂，自己当起了老板。假若他当初满足于一个丰厚报酬的白领工作，那么他永远都是一个打工者。正是由于他看准了农村劳力外出打工山林被荒芜的先机，才痛下决心辞掉来之不易的工作。

有两个关系要好的名牌大学毕业生，A 被录用到了某事业单位工作，B 推掉了不少单位的聘用，创办了一家软件公司。初看起来，A 工作稳定，西装革履，收入可观，上下班又有公车接送，日子过得很是滋润。而 B 整天忙得灰头土脸的，好几年了公司也不怎么样。这时有人劝 B 不如放弃自己的公司,到别的公司去工作算了。但B没有答应,一心一意打拼着。十年后,B的公司已初具规模,生意越做越大。而A所在的事业单位,正面临着改革,有可能并入其他单位。好不容易捞到的科长职位也难保全。这时候,B主动对A说:“要是你愿意的话,来我公司当我的副总,怎么样?”A想了许久,觉得到一个民营企业当副总,而且又是同学的公司,有些不甘心,也有点看不上,便推掉了B的好意。结果,事业单位被合并后,A的科长职务没有了,成了一名普通科员。A觉得无颜面对江东父老,便辞职一个人去了一个很偏远的城市。

选择,有选择事业,也有选择爱人。无论是事业还是爱人,选择对了,幸福一生,选择错了,后悔一生。受生活重担使然,人的一生选择的机会是不多的,在这有限的机会里,不要错失良机,也不要好高骛远。从重要性来说,选择事业与选择爱人同等重要,没有高下之分。选择爱人除了缘分,还要志同道合相互包容。选择事业在于一个人的能力和决心有多大,比如那位高管,他的那次选择在外人看来是错了,但他通过自己的努力成功了,说明他的选择没有错;比如说A,他的选择也没有错,如果能放下思想包袱,从头再来,也不至于抛妻别子去一个没人认识他的地方。像他这种官本位思想严重的人,即便去了哪里,倘若旧习不改,可以说,他也只能是永远生活在不得志的忧郁之中。

沉默不是懦弱
CHEN MO BU SHI NUO RUO

沉默不是懦弱,很多时候,或是受了委屈,或是被人欺侮了,心中怒火中烧,倘若能将不平的情绪平静下来,则是一种美德。如果为了泄愤,针锋相对以牙还牙,不但会使事情复杂化,自己的身体也会因气愤而受到创伤。

有个诨号叫刀叉的人,平时嘴巴利如刀子,厉害得很,吃不得一点亏,一点点小事,哪怕是他没理,也要争个赢的。所以邻居们见了他躲得远远的,都不愿搭理他。一天上午,他发现自家一只鸡不见了,便怀疑是对面的邻居偷了,于是来到对面邻居家的大门口,指手画脚地骂起来,什么恶话脏话都出来了。对面邻居是个寡妇,为人善良,见他骂上了门,申明没偷他家的鸡后,便关上了大门,任他怎么去骂也不理睬。刀叉一直骂到了晚上,他儿子过来拉他说:"爹,那只丢了的鸡回鸡窝了,你回去吧。"刀叉一听,虽然迟疑了一下，但还是扯开嗓子骂道："你个恶贼，还晓得把鸡放出来。要是不放出来吃了我的鸡，会烂肠烂肚不得好死的。"

没过多久，刀叉病倒了。到医院一检查，得了肠癌。于是有人便说：恶有恶报，刀叉污蔑他人，自己烂肠烂肚了，这是老天爷的报复。虽然事出偶然，但有一点不要忘记，做人别太过分了，太过分的人是没有善果的。

做人处事，难免有被人误解的时候。我们可以这样想，事实胜于雄辩，既然一时被人误解了，先放下心来平息自己的心态，好好反省自己的不周之处。在这种时候，必要的申明是要的，但不宜与人去争个你死我活。要知道，这个世上的人，有极少一部分是不怎么讲道理的，甚至唯恐天下不乱。你硬要霸蛮去论个清楚争个明白，有的事情是一下子说不清楚的，也未必所有人都会相信你说的是真话。在误会面前，你若能心无愧疚大度一笑，保持沉默，是最好的办法。因为有的事情不是想象的那么简单，有可能事出有因。你当面站出来针尖对麦芒，有可能会越描越黑，无疑会给人一种做贼心虚的感觉。倘若你能大度一笑，不与他人争长论短，当没事一般，误会你的人也会感到无聊。再说了，时间能够检验一切。真相大白的那一天，就是你扬眉吐气的时候。

沉默不是示弱，是一种肚量，是一种气质。常言道：是黑是白自有公论。要相信，真的说不假，假的说不真，大丈夫能屈能伸，一时的蒙冤受屈丝毫损害不了你的声誉。

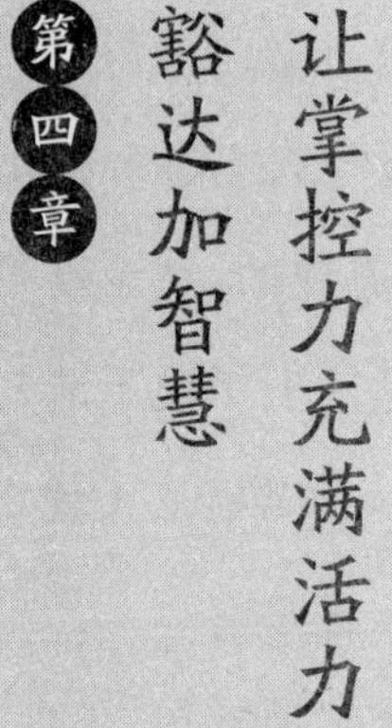

第四章 让掌控力充满活力 豁达加智慧

——豁达乐观，是事业成功的必备条件。再辅以超常的智慧，成功已离你不远。无论有什么样的梦想，都要坚守道德底线，掌控好自己的情绪，保持积极的人生态度。唯有如此，人生才能充满活力，前进的道路才会畅行无阻。

掌控情绪是大智慧

ZHANG KONG QING XU SHI DA ZHI HUI

每当不好的情绪爆发时，犹如一匹受惊的马狂奔在人流如市的街面上，如不及时加以控制，就有可能导致人亡马伤。从古至今因放纵情绪以至犯罪酿成千古恨的，比比皆是。那么，怎么样来掌控情绪呢？

受人煽动时，最容易情绪高涨，做出失去理智的事情；情绪低落时，容易产生悲观失望情绪，以至沮丧厌世。这种时候，是人情感最脆弱的时候，大脑最容易被情绪控制，以至做出悔之晚矣的事情来。所以，我们要学会用智慧来控制自己的情绪。什么是智慧？

有个这样的故事颇有意味：有个脾气不好的男孩常常无端发脾气，搞得全家人都不得安宁。其父在规劝无效的情况下，想了个主意。一天，他交给男孩一袋钉子，告诉他每当发脾气时，必须在睡的床头墙壁上钉一颗钉子。男孩觉得好玩，就按父亲的嘱咐，第一天在床头钉了三十七颗钉子。他发现每钉进一颗钉子，因墙体坚硬而很是困难，所以日渐相对发脾气的次数少了。他父亲知道后，又令他每当能控制自己的脾气时，就拔出一颗钉子。男孩又按父亲的意思，一天天把钉子全拔了出来。他父亲拉着他的手指着墙壁上说："你虽然都按我说的做了，但你看看那些留下的钉子洞，是永远都不能恢复到从前的样子的。你生气时说过的伤人的话，就像那些钉子留下的疤痕。话语的伤痛就像刀子一样，是无法使人接受的。"男孩听了父亲的一席话，又看了看墙壁上斑驳的钉子洞，默默地低下了头，从此再也不乱发脾气了。这虽然是个小故事，但其中蕴含着大智慧。俗话说祸从口出，若是不加控制信口雌黄，岂不是伤人又害己！

很多时候，随着情绪的冲动，不该说的话脱口而出，不该做的事也会义无反顾。但事情过后，往往又会后悔不已。试想一下，既然后悔，何必为之？为避免这些，必须要学会克制自己的情绪，即掌控情绪。掌控情绪的智慧包括方方面面，比如说当某件事情有违自己的意愿甚至有可能损伤自己的利益时，我们无须正面交锋，不妨回避一下消消气，先想想这件事的前因后果。若是自己有理，走遍天下都不怕；若是失理，也不会因理亏而当场失了体面。若是无法回避时，也不要急于表态。很多事情表面上看似这么回事，实则隐匿着玄机。一旦妄加揣测，必会成为众矢之的。这是一种智慧，也是一种豁达大度。唯有做到豁达大度，才能驾驭自己，掌控未来。

掌控自己的未来，关键在于克制情绪化。生活是个万花筒，不可预知的事情时有发生。有的事情，你越在乎，失去的反而会多。若置之度外，或许对你构不成大的伤害。悲欢离合，阴晴圆缺，不管遇到什么情况，也不要动摇了自己的理想和信念。唯有这样，才有可能成就自己的梦想。

理性运用掌控力

LI XING YUN YONG ZHANG KONG LI

理性是指根据事物的特质,加以分析、判断、应变的一种综合能力。理性运用掌控力是一种智慧，就是要根据掌控力的目标进行科学的安排,使之以最短的时间获取更大的效益。

行动目标确定后,就得开始执行掌控力,也叫控制力。对于客观环境可能出现的种种变化,必须要提前作出预测,对不足的地方加以完善,使掌控力沿着原定的目标推进。比如说参加高考,原定志愿是一流学府清华北大,但考试中发挥不够好,离录取成绩只相差一点点。那么摆在面前有三条路可走,一是复读重考,二是改上其他大学,三就是放弃学业。如果细加分析，放弃学业等于是葬送了学习机会，在这个知识日益发达的社会里，上与不上大学是有差别的。复读重考,未免不是一条路子。但反过来想,白白耽搁一年参加工作的时间，也许对自己是一种损失。要知道在这一年中,会发生许多变故,有可能错过了好的工作机会。如此一来,改上别的大学最为划算。全国一流大学不少,何必非要在一棵树上吊死。况且,学习全靠个人的勤奋和悟性,学校只是一块招牌。全国科学家文艺家不少,不会全是一流学府的高材生。

理性运用掌控力,也包括豁达大度、勇于创新精神。豁达是一种做人的基本范畴,创新是一种工作方法, 属于做人处事的智慧。为人豁达乐观,才不会被条条框框所束缚,去勇于创新,开创新局面。所以说,豁达与创新有着本质的联系,也是理性的必然要求。

掌控力是一门行为哲学, 只有依照理性的要求才能让梦想成为现实。天马行空,凭空想象,脱离实际,痴人说梦,都不是掌控力所能执行的。无论有什么样的梦想,都不能离开掌控力的控制范畴。否则,再好的梦想也只是南柯一梦。

掌控力要有知足心理

ZHANG KONG LI YAO YOU ZHI ZU XIN LI

知足常乐，是一种心态，懂得知足的人，永远是快乐年轻的。相反，不会知足的人，欲壑难填，故很难掌控自己的未来。

从前，有户人家很穷，经常是吃了上顿没下顿。一天，八仙之一的铁拐李化装成一个乞丐拄着拐棍来到他家，说是饿了想讨碗粥喝。女主人毫不犹豫地端出半碗粥，说只有这些了。乞丐接过粥碗一口倒进了喉咙。这时，从屋里走出来一个皮包骨头的男孩，嚷嚷着饿了。女主人说："你爹去借粮食了，等他回来就煮饭给你吃。"乞丐舞动拐棍说："你家后面的井里都是好酒，何不卖了换些粮食呢？"女主人摇头苦笑道："先生莫开玩笑了，井里明明是水，哪有什么酒啊？"乞丐起身道："我明明闻到了酒香啊！你要是不相信，就跟我去看看。"说罢率先来到屋后的井边，用拐棍指了指井水说：

“你到井里舀一瓢尝尝，看是不是酒。”女主人霎时闻到一股酒香，将信将疑用瓜瓢舀了一瓢喝起来。立时，一股醇香的酒味儿直逼五脏六腑。女主人十分诧异，回头看乞丐时，已不见了乞丐的人影。女主人知是仙人相助，跪地对天拜谢起来。从此以后，女主人以井水当酒卖，生意十分兴隆。酒水源源不断取之不竭，她家靠卖酒不但盖起了一栋青砖瓦房，还置了不少田产，成了当地的富人。第二年的这个时候，铁拐李又来了，他进屋向女主人讨了碗酒喝。女主人似乎不认得他了，犹豫了一阵，神情冷淡地舀了半碗酒递过去，乞丐喝下酒问女主人：“这酒不错，生意还好吧？”女主人摇头叹气道：“生意好是好，只是我家的母猪没得糟吃。”乞丐听了，见她不但不知感恩，还嫌猪婆没得糟吃。于是拐棍一指，墙上出现了四句话：天高不算高，人心比天高。井水当酒卖，还嫌没酒糟。从这以后，井里流出来的不再是酒水了。

这个典故告诉人们：人心要知足，要是贪得无厌，最终什么也得不到。

小宋大学毕业后，被某单位录用。由于他写得一手好文章，人缘也不错，很快被领导看中，列为培养对象。不到两年，就被提拔成了科级干部。如果这时候小宋再接再厉积极向上，前程不可限量。可小宋成了科级领导后，世面开了，接触上层领导的机会也多了。他发现那些领导的水平并不比自己强，有的连篇发言稿还要请别人写，凭什么他们能当上层领导，而自己还是个科级干部呢？在这种思想的支配下，小宋开始不安分起来。于是他不再忠于职守，整天不是跑官就是赌博。结果不到一年就欠下了一屁股赌债。为了偿还赌债，他把手伸到了单位。利用主管财务的便利条件，虚报冒领，大肆贪取公款。其结果自然是被开除党籍和公职，把自己送进了牢房。

小宋的被毁，归根结底是不知足害了他。如果他能想到这些：自己毕业才两年就当上了科级干部，已经是够幸运的了，有的人干了一辈子还是个普通科员，照样还得干下去。再说了，世上没有绝对的能力强与弱之分。你这方面强，不一定其他方面都强。人有强大的一面，也有弱小的一面，没有哪个人是万能的。他若能这样平静地想，就什么都想通了，也不至于心理不平衡而做下追悔莫及的蠢事。

当我们在经济上遇到困难时，我们要想到，还有比我们更困难的人群，他们连饭都吃不饱，我的困难只是暂时的。当我们从事繁重体力劳动而收入不及别人多时，我们要想到，劳动不但赚了钱，还锻炼了身体，比起那些身体不好什么都吃不了的有钱人，我们能吃能睡能做，幸运多了。当我们生活在底层无权无职时，我们要想到，树大招风湖大招浪，安逸平静的生活比什么都要好。

总之，除了对知识的追求没有止境外，无论在什么情况下，我们都要知足，知足才是福！

别让心态左右了掌控力

BIE RANG XIN TAI ZUO YOU LE ZHANG KONG LI

心态是一个人对待生活的心理态度。现实生活中,心态好的人,心中充满阳光,往往成就的机遇多。而心态不好或心理阴暗的人,看到的是一团漆黑,整天怨天尤人,固然不会有什么大的作为。所以,我们要让梦想付诸行动,心须要具备豁达大度的心境,不要让心态左右了掌控力。

处在社会生活中的人,每天都会遇到各种各样的事情。比如说,单位某同事在办公室丢了钱包,怀疑来怀疑去,最后同一办公室的A君成了重点嫌犯,A君为此委屈极了;某君路上看到一个老人跌倒了,好心去扶起来,结果老人反而说是某君撞倒了他,路人信以为真,纷纷责怪他没把老人送去医院等等这些,难保不会发生在你的身上。你是消极抱屈,还是坦然一笑,这完全取决于你的心态。

一般来说,指手画脚的人受到提拔重用,也不是什么新鲜事。因为踏踏实实做事的人都是些老实人,事情做得越多,出现的问题也就多,受批评也就越多。那些习惯于指手画脚的人,不但暴露的问题少,即便有点问题,也会凭着一张能说会道的嘴巴,把责任推得干干净净。所以领导重用他们,有领导的理由。作为一个踏踏实实工作的你,无需为此烦恼不安。日久见人心,一时的失意,并不代表就没有出头之日。即便永远升不了职,也不要紧。职位本来就不多,没能升职的人多的是,兴许比你更惨的人大有人在。人一辈子不长,没必要卑躬屈膝追求那份虚名,活得问心无愧才应该最开心。单位同事丢了钱包,作为同一个办公室的你,成了重点怀疑对象也是情有可原。你没拿,就不必为此怨天尤人或者神魂不安。白就是白,黑就是黑,谁怀疑也没用,做好你该做的事就行了,事情总有真相大白的那一天。扶老携幼是每一个有良心的人必有的品德,你把跌倒的老人扶起来,你没有错,错的是老人,或许意识模糊,或许是有意诈称。尽管引起了路人对你的误会并受到责难,老人有伤,你有必要大大方方把老人送到医院救治,并通过公安进行调查。如果老人没伤,你在分辨无用的情况下,也可以求助于公安还你的清白。你要相信,这世上大多数人是有正义感的。倘若下次再遇到这种事,你要给自己说,你仍不会袖手旁观。

说到底,大多数人都是在困境中求生存。每个人都有烦恼、忧愁甚至恐惧。有时候,这些不利因素说来就来,让我们防不胜防。既然这样,我们要随时做好应对的准备。遇到问题,不要闷在心里。属于自己的问题,要积极寻求解决的办法。不是自己的问题,既不要幸灾乐祸,也不要落井下石。同事之间,能帮的要尽力帮助,别做那些损人利己,踩着别人肩膀往上爬的事情。

谁也不能保证自己的人生之路是一帆风顺的,困难和挫折在所难免。

同时,困难和挫折也是欺软怕硬的东西,你硬他就软,你软他就硬。既然如此,我们无须消沉,也无须整天心事重重。我们可以用笑敞开心扉,让阳光照进来:没什么大不了的事,天塌不下来,日子还得照样过。这是一种无畏的勇气,只要具备这种勇气,任何困难都可以克服,任何挫折都能够承受。

打开天窗,去除心中的阴影吧!别让心态左右了掌控力!

有幸福感才有活力

YOU XING FU GAN CAI YOU HUO LI

曾经有媒体发起了一场“你幸福吗？”的随机采访，受访对象涵盖了各个阶层人士。各人所处的环境不同，对幸福的理解也就不尽相同。有的人追求的是吃喝玩乐，觉得人生吃好玩好才是幸福；有的人追求的是事业，认为人活着就得体现生存价值，只有这样，才是真正的幸福；有的人觉得有饭吃有钱花子女孝顺，就是幸福。

且不论各人的幸福观如何，生活中，只要认真品味，幸福无处不在。但有相当一部分人不知什么是幸福，总以为自己没幸福可言。在这里，不妨引用一则童话故事。

从前，有个心地善良乐于助人的人死后上天堂成了天使。他做了天使后，仍没忘记帮助别人，经常来到凡间，做些扶危济困的善事。一天，天使的对面走来一个农夫，农夫皱着眉，样子非常苦恼。天使便问农夫遇到了什么难事。农夫说：“我家的水牛刚死了，没牛犁田，我家的田怎么办呢？”天使笑了笑，赐给农夫一头健壮的水牛。农夫高兴极了，对天使感激不尽。他说：“我遇见了你，真是太幸福了。”没走多远，天使看到一个男人神情非常沮丧，便问男人什么事不开心。男人说：“我的钱被人骗光了，没路费回家，如何是好？”天使二话不说，赐给了男人路费。男人觉得很幸福，对天使自是拜谢不止。又一天，天使遇到一个诗人，诗人神情恍惚，两眼无光。天使对诗人说：“你有什么不开心的事，我能帮你吗？”诗人说：“我家庭富有，妻子贤惠，儿子也听话。别的都不缺，就是缺幸福，你能给我吗？”天使想了想，点点头，拿走了诗人的才华，毁去了他英俊的容貌，又夺去了他的财产和他妻子的健康。天使做完这些后，便消失了。一个月后，天使又来到了诗人身旁，当时诗人饿得面黄肌瘦，衣衫褴褛躺在地上颤抖着。于是天使把诗人原来的一切都还给了他，不声不响又离去了。半个月后，天使再去看诗人时，诗人和他妻子不住地向天使道谢，他说他终于明白，什么才是真正的幸福了。

这虽然是个童话故事，但它告诉我们，其实幸福就在我们身边，只是很多人身在福中不知福罢了。

幸福是一种感知行为，并不是说财富多地位高的人就一定幸福。清洁工幸福吗？在旁人看来，一个整天拿着扫帚打扫大街且看上去邋里邋遢工资又低的人有什么幸福可言？然她们活得纯洁，活得开心，活得洒脱。只要你肯与她们说上几句话，从她们的笑靥中和话语里，会真真切切感受到一种对幸福的满足。相反，那些驾着豪车穿戴名牌看似呼风唤雨的人，为了生意为了前程整日里钩心斗角曲意逢迎，在酒店里在牌桌上无限度地消耗自己的生命，从某种意义上说，他们的身体完全不属于自己了，也无实际上的自由可言，你能说他们就一定过得真正幸福吗？

通常来说，桌上每顿有粗茶淡饭，父母通达，妻子贤惠，儿女听话，家庭和睦，身体健康。哪怕是占有其中的一半，就是莫大的幸福了！

说到底，幸福是一种心态，有幸福感的人才有生活的激情与活力。心态好，知足常乐，时时处处都会有幸福的满足感。心态不好，人心不足蛇吞象，哪怕是家有金山银山，也不会觉得幸福的。

称呼体现素养
CHENG HU TI XIAN SU YANG

很多时候,初次与人交往中,往往会记不住对方的姓名,甚至出现张冠李戴的笑话。这样不但令双方很尴尬,也会带来意想不到的结果。

小李经朋友介绍初识了某局的王局长。一段时间后,小李遇到了一件事,想找王局长出面给打个招呼。于是他找到王局长办公室,进门客客气气叫了声“黄局长”。正在看文件的王局长抬头瞧了眼小李,又四下看了看,问道:“你找谁?”小李笑着说:“黄局长不认得我了呀,我就是上次×××介绍的小李啊!”王局长沉思了一下,冷着脸说:“我这里没有黄局长,你要找黄局长到别的地方去找吧。”小李碰了一鼻子灰,还不明白是怎么回事。后来和朋友说起这事,朋友埋怨他道:“他姓王不姓黄,他的前任黄局长贪污受贿被抓了。你叫他黄局长,他当然不高兴了。”小李这才明白过来,直说自己记性差,把姓氏搞混了。

一天,小胡被朋友拉去参加一个聚会。参加聚会的人除了有小胡认识的,也有他不认识的,比如说有个胖乎乎的中年人,小胡原来没见过,大家都叫他胖科长。不久后,小胡生意上遇到了麻烦,他想到了工商局的那个胖科长,便找上了门。小胡按照那天大家的称呼,直呼"胖科长"。胖科长一见小胡这般没礼貌,气不打一处来,沉着脸道:"你是谁?"小胡笑嘻嘻说起了那天的朋友聚会。岂知小胡话刚说完,胖科长冷喝道:"你给我出去。"小胡立时愣住了,脸红耳赤,不知如何是好。

小李把人家的姓氏搞混了,自然是粗心大意所致,而小胡的失误,是不懂礼节带来的后果。要知道,世上本就没有姓胖的姓氏,有人叫他胖科长,一是与他混得熟了,二是非正式场合,可以随便叫的。你一个平日与他素不相识毫无来往的人这样称呼人家,人家自然是不高兴了。

社交中正确称呼人,是不可缺少的重要礼节之一,倘若你把人家的姓氏叫错了,第一,人家会认为你心目中根本就没有他;第二,改换姓氏,本身就是对人家的极不尊重。

所以说,社交场合,别的事情可以忘记,独人家的姓氏不可以忘记。即便不记得对方的姓氏了,宜事先打听清楚,不可以草率乱叫。万一事出仓促不记得对方姓氏了,可以采取通用的方式直接叫人家的官职。比如小李和小胡,直接叫局长或科长,也不至于吃闭门羹了。

珍惜家庭就是提升自己

ZHEN XI JIA TING JIU SHI TI SHENG ZI JI

要创业，要打拼，首先要巩固好后方阵地，这样才能有足够的精力全力以赴。比如夫妻之间，相处久了，磕磕碰碰是常有的事，感情也难免会出现裂缝。如何来弥补这道裂缝，关键是要懂得珍惜。只有主动珍惜对方，才能被对方珍惜。

某对夫妻经常为了一些鸡毛蒜皮的小事吵个不停，吵来吵去，双方都决心要离婚。由于女的要补办身份证，暂时去不了婚姻登记处，男的一气之下搬到单位住了，只有女的守在空荡荡的家里。

这天，女的无聊地打开电脑，突然间发现丈夫给她发来了一封邮件，邮件上写道：我们单位的那条街上有一对夫妻，丈夫是个残疾人，从小靠拾破烂为生，妻子是个精神病人，平时还好，一旦发起病来就往外跑。一天，我看到那个丈夫在大街上往回拉自己的妻子，妻子往外用力，丈夫往回用力，她们俩没有任何争吵，妻子的脸上可见精神病人常有的疯癫表情，而丈夫神情坦然，没有任何不耐烦的情绪。我看到他们俩在街上来回地拉扯，两个人都在用力，路过的人无不开怀大笑，可是我流下了泪。亲爱的，他们连一件像样的衣服都没有，连一顿最一般的饭都不能保障，尚有一个清醒的人懂得守住夫妻之道，而我们生活无忧、神智健全的人为什么反而做不到呢？我想了很多很多，对不起，亲爱的，我爱你！

女人看到这里，来不及关电脑，流着泪就往外跑。她只想以最快的速度跑到丈夫身边，实实在在守住她所爱的人。

这则故事说明，要不是那位丈夫看到街上拾荒者和精神病人后受到启发并以邮件的方式发给妻子，他妻子也不会被感动。那么，这对本可以很好的婚姻也就破裂了。

夫妻在一起生活，不单是要有感情，还要有最起码的柴米油盐酱醋茶作基础。好比感情是房子，柴米油盐酱醋茶是房子的地基一样。地基不扎实，房子再漂亮即便不倒塌，也会有倾斜变形的那一天。爱情与物质无关，但也不能完全脱离物质基础，那种所谓"不食人间烟火"的爱情，是空泛的，是不靠谱的，也是不会长久的。不能不说，如今离婚率的攀升，除了婚前缺乏相互了解外，很大一部分是美梦醒来后，回归本真的结果。

这世上，只有不变的宇宙，没有不变的事物。夫妻感情也一样，尽管结婚前海誓山盟，一旦走过了浪漫期，各种各样的矛盾和问题就会原形毕露。比如说性格爱好、生活方式等等。这个时候，最忌相互责怪和埋怨。遇到什么问题，双方都要冷静下来，敞开心扉，相互沟通，多检讨自己的不足。要知道，世上没有性格爱好完全相同的两个人。既然走到了一起，就是缘分。只要不是那种原则上的问题，就不要穷追不舍吹毛求疵。懂得珍惜对方的人，才能品尝幸福的滋味。

开源节流方衣食无愁

KAI YUAN JIE LIU FANG YI SHI WU CHOU

受生存环境的挑战,贫富也在不断变幻着。今天是富人,说不定明天就一贫如洗了;今天是穷人,说不定明天就一夜暴富了。且不论大起大落的原因,这里只是想说,穷也好富也罢,要将有日思无时,切莫无时当有日。

从前有个叫王生的人,父母早亡,家里穷得叮当响,三十多岁了,还没娶上媳妇。一天,王生上山砍柴,突然发现柴丛中有团闪闪发光的东西,他拾起来一看,白光闪闪,沉如铁石,掂量了一下,足有五斤重,但不知是什么东西,丢了又觉得可惜,便脱掉上衣将石块包了往柴担上一挂,挑了柴火回到家中,随手将石块丢到角落,挑着柴火上街卖了换了碗面食吃。晚上,王生回到家中,见屋内光华四射,甚觉奇怪。仔细一看,发现是捡的那块石头发出的光芒。他不由大喜,明白是拾到了宝物,便拾起来小心翼翼放到被子里,晚上搂着宝物一直挨到天亮。第二天一早,王生用布袋装了宝物直往集镇上奔。集镇上有个典当铺,掌柜叫王三,和王生是族家,按辈分,王生要叫他三爷。三爷一见王生掏出来这么一块光溜溜的白石块,先是不屑一顾。听王生说石块发光,凑近仔细一瞧,内心狂喜不止。王生见三爷这副模样,惊问是怎么了。王三这才回过神来,瞧了王生一眼,淡淡地说:“只是一块破石头,抵不了什么钱。”王生一听说是块破石头,要拿了石头回家。王三笑嘻嘻道:“王生,看在本家的分上,这块石头就放我这里,我给你一两银钱如何?”王生一听,不由多了个心眼。这个三爷是远近闻名的铁算盘,一块石头能给自己一两银钱,是绝不可能的。于是他摇头说:“我还是拿回家晚上当灯用吧。”王三见他不肯,又加了一两银钱,王生摇头不答应。王三当然不愿这块宝石从自己眼前消失,又加了一两。王生伸出两根指头说“两百两,少一两我也不给。”一番讨价还价,王生最后以一百五十两把宝石卖给了王三。王生拿着一百五十两银钱回到家中,别提有多高兴了。他首先花五十两银钱买了一栋砖瓦宅子,又接二连三娶了五房妻子,可谓是花天酒地,享不尽的荣华富贵。然好景不长,一百五十两银钱没到一年时间就全花光了。这时候,他的五房妻子见他没有了钱,先后都离去了。王生没有了生活来源,将宅子卖了糊口。卖房的钱吃光后,又以砍柴为生,回到了以前的老路。

如今,也有不少的所谓月光族,这些人习惯于大手大脚,花钱如流水。每月工资一到手,没几天就花完。父母有钱的,就啃父母,没有父母啃的,就连借带骗,为了高档名牌,可以一掷千金毫不心疼,赌桌上输掉几千几万眉头都不皱一下,甚至连父母的赡养费、儿子的学杂费都可以不给。这算什么事?在此不想赘述,留给读者去评说。

一个有爱心的人,是绝不会追求个人的奢侈生活于亲人而不顾的。勤俭持家,历来是中华民族的传统美德。节俭犹如针挑土,浪费好比水推沙。钱再多,也难以满足一颗贪婪的心。只有常将有日思无时,才会明白开源节流的重要性。

好情绪容易成就梦想

HAO QING XU RONG YI CHENG JIU MENG XIANG

经常保持乐观的人生态度,无疑是治愈心病的一剂良药。什么是乐观?契诃夫有个很形象的比喻:“手指扎了一根刺,你应该高兴喊一声:‘幸亏不是扎在眼睛里!’”这就是乐观的人生态度。

乐观是一种积极的人生观,什么事情都看得开,什么问题都想得明白。若能做到这样,什么问题都不是问题了,哪怕是屋里没了米下锅,乐观的人会淡然一笑:一天不吃饭饿不死人,明天会有的。

20世纪50年代末,某农村叫张久长和李保生的两个青年同时被招进A市一家机械厂工作。张久长进厂不久,以其出色的工作能力被提拔为该厂团委书记,李保生只是一名质检员。两年后,国家号召大家支援农业生产第一线,张久长二话没说,踊跃报名回到了家乡。张久长回乡后,本来是抱着满腔抱负准备大干一场的，可事与愿违，他逐渐开始了游戏人生的生活，和他一块回乡的妻子也离他而去。从此张久长形单影只，过着一人吃饱全家不饿的生活。尽管如此，张久长仍然快乐地生活着，仿佛不知道愁为何物。二十一世纪初，李保生从机械厂退休回乡养老。此时的李保生虽然看起来皮肤白静，有些老态龙钟，但身体远不及张久长的结实。每当两人坐在一起闲聊，李保生不无憾意，抱怨张久长那时不该主动报名回乡，要是一直在机械厂的话，起码也是个厂长了，退休工资肯定会比他高多了。张久长淡然笑道："人有碗饭吃就行了，生不带来，死不带去，过去的都过去了，没什么可遗憾的。"李保生无奈笑道："至少，你如今也是生活无忧，子孙满堂了！"张久长摇头道："人活一世，草木一春。两眼一闭，都化成了泥土。再怎么荣华富贵，都难逃这个劫难。"李保生无话可说，只得佝偻着身子咳嗽起来。

对李保生来说，或许认为自己是幸运的。可对于张久长来说，既然过去的事无可挽回，想也无益，活在当下才是重要的。尽管成了孤寡老人，他也不去计较那些得失，努力使自己开心地活着。所以他快快乐乐一直活到了九十多岁无病而终。而李保生呢，看起来活得风光，生活的重担使他落下了一身病痛，加上退休后养尊处优惯了，没到七十岁就离开了人世。

各人的人生际遇不同，自然有不一样的人生轨迹。或许失去的一切，对患得患失的人来说留下的是一种极其痛苦的伤疤，可对于看得开想得透的乐观人来说，根本算不了什么事。

有些人，你别看他整天率真得像个小孩，人人都羡慕他，其实，他就像向日葵，向着太阳的正面永远明媚，在照不到的背面将悲伤深藏。

无论是穷人还是富人,任何一种生活都有正面性和负面性。富人羡慕穷人的悠闲,穷人羡慕富人的有钱;富人羡慕穷人有着强健的体魄,穷人羡慕富人生病了可以住特等病房。如此等等,穷则思变,富多堕落。

一个人是乐观还是悲观,不是天生的。只要肯努力,悲观的人也能变得开朗乐观起来。不管遇到什么不幸的事情,悲观不但没有任何用处,还会使事情变得更加糟糕。既然如此,为什么不能快快乐乐地生活呢!

天底下没有绝对的好事和绝对的坏事,只看你如何去面对。如果你习惯于用悲观的眼光看待任何事情,即便你买彩票中了千万巨奖,对于你来说也不会快乐,因为你会整天提心吊胆,担心有人觊觎你的钱财,担心有人会威胁到你的生命安全。

生活中的每一个细节都蕴藏着快乐,重要的在于你是否感受到。能够感受到快乐的人,肯定也是一个乐观积极豁达的人,他的人生始终不会被困难压倒。

无论你怎么穷,有个好的心态,有个积极的人生态度,是任何金钱都买不到的。乐观能催人奋进,乐观也能强身健体。对人生持乐观态度的人,心底充满了阳光,不会斤斤计较,更不会患得患失。

爱护自己不是自私

AI HU ZI JI BU SHI ZI SI

有这么一则寓言：一只小鸟在飞往南方过冬的途中，因天气突然转冷冻僵了，从天上掉了下来，落在一片农田里。小鸟冻得奄奄一息，眼看就要冻死，这时候，一头母牛走了过来，拉了一大泡屎在小鸟身上，冻僵的小鸟躺在牛屎堆里，觉得温暖如春，慢慢地缓过经儿来了。它开心极了，不由高兴得唱起歌来。一只路过的馋猫听到了小鸟的歌声，便循着声音找到了牛屎中的小鸟，非常敏捷地将小鸟刨出来吃了。

生活中，不是每个往你身上拉屎的人都是你的敌人，也不是每个把你从屎堆里刨出来的人都是你的朋友。

有时候，我们会遇到这样一种人，口若悬河，嘴似喷糖，句句顺耳，字字甜心，那简直是说的比唱的还好听。还有一种人，说话直来直去，一针见血,是什么说什么,丝毫不留情面。

前后两种人,你不能凭直观认为前面的就是好人,后面那种就是坏人。人家奉承你讨好你巴结你,说不定是有事求你,待到你没求的必要了,人家不一定会这样客气待你。相反,那种说话直来直去的人,说不定是刀子嘴豆腐心,不是成心要损你,不给你面子,或许是在提醒你帮助你。古话说:“良药苦口利于病,忠言逆耳利于行。”无论从哪方面讲,事实的确如此。

有人说,这世上最复杂的是人,最难对付的也是人。所以说,人与人之间的关系,也是复杂多变的。今天是好朋友,说不定明天就成了仇人。今天是仇人,日后也有可能成为好朋友。朋友也好仇人也罢,一个不变的信条是:与人为善,隐忍得当,学会保护好自己。

与人为善,是做人最基本的原则。人无善心,必是恶人,恶有恶报,自古如此。勿以善小而不为,勿以恶小而为之。做个好人,行善积德须从小事着手,恶人也是从小恶到大恶的,小恶不止,必成大恶。所谓的隐忍得当,就是说遇到别人欺侮的时候,只要无伤大碍,该忍气的时候要忍,不要动不动就与人斗个你死我活两败俱伤, 那样对谁都没好处, 只能是徒添烦恼。隐即隐藏,有时候低调做人,把自己隐藏起来,不至锋芒太露,也是一种保护自己最有效的策略。上面寓言中的那只小鸟若不是得意忘形在粪堆里唱起歌来,就不会被猫刨出来吃了。越王勾践为了复国大业,他放下国王架子来到吴国伺候吴国国王夫差,历经十年卧薪尝胆养精蓄锐,最后终于打败了吴国。这就是善于隐忍的功效。

学会保护好自己,除了不要锋芒太露,交友也要小心谨慎。《增广贤文》里有“逢人且说三分话,未可全抛一片心”的话告诫世人。话虽然有失偏颇,但仔细想来,也不无道理。祸从口出是千古遗训。即便是朋友,也要看是什么样的朋友。同样一句趣谈，君子会当作一句玩笑话一笑而过，别有用心的人可以用作讨好领导的武器。比如说你对某领导的才能表示不满、私下里发几句牢骚，君子听了，会认为再正常不过了，可小人听了，会以为你是想蓄谋夺权，就有可能到领导那儿告你的黑状。所以说，若是不分对象推心置腹无话不谈，心中不留一点隐私，一旦反目成仇，要是这个人是心怀不轨的小人的话，你曾经说过的一些内心话也有可能成为你跌倒的证据。况且，胡思乱想可以说是大脑的一种休憩方式，人有时候也是管不住自己大脑的，你不是圣人，难保没有一点私念，难保没有一点自己的内心秘密，哪怕只是心血来潮一闪而过的杂念，你毫无保留和盘托出，若是被小人出卖了，你有一千张嘴也说不清楚了。

爱护自己，不是深藏不露，也不是自私，而是做人的一种策略。做人要光明正大坦坦荡荡，也要讲究策略谨防小人。

容人才能被人容

RONG REN CAI NENG BEI REN RONG

人与人之间相处在一起，难免会遇到各种各样的矛盾和问题。如果这时候双方都能够多点忍让，多点包容心，退后一步多替对方想想，不计较不争吵，那么，生活中就会免除许多的烦恼。

在这里，先不妨重述一下最有名的经典故事：清朝康熙年间有个叫张英的大学士，一天收到家信，说家人为了争夺三尺宽的地基，与邻居发生纠纷，已经告到了县衙，希望通过他的职权疏通关系，帮助家人打赢这场官司。张英阅信后，坦然一笑，提笔给家人写了四句话："千里修书只为墙，让他三尺又何妨？万里长城今犹在，不见当年秦始皇。"家人接到张英的书信后，觉得很有道理，于是主动向邻居让出了三尺宅基地，邻居见张家让出三尺，深受感动，也主动让出三尺，这就是有名的六尺巷。

假若张英利用职权打通关节，邻居势必不服作拼死一搏，一场争斗必不可少。到头来胜败事小，两家反目成仇事大。联想到如今有人遇事动不动就托关系找后门，也有不少官员利用职权牟取私利欺压良善，要是把古代张英拿来作镜子，不能不说要感到汗颜。

人生如梦，人生也似戏，梦终戏散，只是一眨眼间的事，没必要去斤斤计较，退一步海阔天空。人与人之间，多一分理解就能少一些误会；多一分宽容就能少一些纷争。人与人有个性的差异，不要以自己的眼光和认知去评论一个人和一件事的对与错，更不要苛求别人的观点与你相同，也不要期望别人能完全理解你，因为每个人有自己的性格和观点。

心有多大，快乐就有多大，包容得越多，得到的也越多。小肚鸡肠的人，永远是生活的奴隶。

世间没有不被评说的事，也没有不被评说的人。有包容心的人，心底无私天地宽，懂得尊重人，不会随意贬损人，不会背后议论别人，也不会在意别人议论自己。

要知道，这世上谁都有缺点和不足，谁都可以挑出一大堆毛病来。但是，人人都希望被尊重，人人都渴望被理解。尊重他人，是一种美德；理解他人，是一种智慧。你尊重他人，他人才会尊重你；你能理解他人，他人才会包容你。

做人不宜太精，太精了前面的路将与你格格不入；待人不可太苛刻，太苛刻了就没有真心朋友。懂得谦让，方显大气；知道包容，即是大度。

俗话说："人无百日好，花无百日红。"花无百日红是种自然现象。但这里说的人无百日好，泛指人与人之间的关系。那些心胸狭隘的人，朝秦暮楚，一会儿好似亲兄弟，一会儿争吵得如万世仇人。对于有包容心的人来说，心中永远有份爱，不屑与人争长论短。

以真善美统领掌控力
YI ZHEN SHAN MEI TONG LING ZHANG KONG LI

生活中处处有真善美，也有假恶丑。很多时候，人们往往只看到假恶丑的一面，而看不到真善美的一面。

老顾是某单位食堂管理员，单位有百十号人，免不了人多嘴杂。有的说伙食太差，食堂管理员不行；有的说肯定是食堂有人贪污了伙食费，要查账。说来说去，矛头全指向了老顾。单位领导见职工意见很大，便组织专门班子对食堂的账目进行了审计，结果查出是采购员弄虚作假虚开冒领。老顾虽然没有贪污伙食费，但作为负责管理食堂的责任者，自然也受到了领导的批评，并处降一级工资作为惩戒。老顾感到很是委屈，自己辛辛苦苦为改善职工的伙食没日没夜操劳，不但被采购员骗了，连领导也不能理解自己，于是一气之下辞了职，白白丢掉了一份不错的工作。

老顾的辞职不能不说是个错误。按一般常理说，食堂伙食差是事实，职工反映有人贪污了伙食费也是事实。作为食堂的管理员，自然负有不可推卸的责任。他应该要明白的是，要不是大家反映的问题得到了查实，采购员的胃口会越来越大。常在河边走难免有湿鞋的时候，到那时，他这个管理员纵然有十张口也说不清楚了。单位领导的批评和处分虽然看起来是重了点，但从大局看，也是合情合理的。在这种时候，老顾应该怀着一颗感激之心，为大家帮助食堂揪出了蛀虫而拍手称好，并在总结经验教训的同时，把食堂的伙食办好，才是最明智的举动。毕竟，领导从爱护他的角度，只批评了他几句，并说降一级工资期限为一年，把食堂管理好了，明年即可恢复原来的工资级别，并没有要撤他的职，这也是单位领导的一片良苦用心，为的是使他以后要引以为戒加强管理。如果老顾能举一反三，平静下来好好想一想，明白领导和同事们不是在挤兑自己，而是在善意地帮助自己防微杜渐，那他就不会赌气离开了。

仁者见仁，智者见智。同样一件事情，人生观不同，看待事物的方法也不一样。有位哲人曾说过：生活中本不缺少美，缺少的是发现美的眼睛。

怎样去发现生活中的真善美？最主要的就是不要被浮华的表象所迷惑，也不要凭感觉判断是非，要透过现象看本质，挖掘出最本质的东西。

人上一百，形形色色。哪怕某人缺点再多，也有他的优点和长处。俗话说："三人同行，必有我师。"所谓的师，便是值得我们学习的人。做人如果没有一双善于发现真善美的眼睛，妄自尊大，就会不知天高地厚，迷失自我。

人类如此，动物界亦如此。比如说毒蛇，历来是人们谈蛇色变的物种。然毒蛇也有它的用处，除了蛇肉供人们食用外，蛇毒还有珍贵的药用价值。而且蛇能捕捉老鼠,减少老鼠对人类的危害。又比如说老鼠,虽然“老鼠过街人人喊打”,可老鼠也有对人类的用处。如果充分利用的话,也可以从它身上挖掘出医药价值。老鼠与老虎相比,在于老虎存活量有限,老鼠繁殖能力惊人,要是老鼠是一种稀有动物的话,说不定列入保护动物也未尝可知。所以说,世上没有绝对的好与坏。看起来很美好的东西,说不定是有毒的物体,有的东西看起来很丑陋,不一定就一无是处。问题是我们要去发现,要透过现象看本质,这样才能发现生活中的真善美。

真善美与假恶丑是截然相对立的两个方面,有真善美的存在,就有假恶丑的存在。除了善于发现真善美,我们也要大力弘扬真善美。真,就是要待人真诚,不要假仁假义假公济私,以假弄真;善,既要善待他人,也要善待自己,勿以善小而不为,勿以恶小而为之;美,就是不但自己要心灵美,也要有为全社会创造美好画卷的雄心壮志,以美好的事物来抑制丑恶苗头的蔓延。

第五章 构筑新的人生高度 锤炼真性情

——梦想到现实的跨越，既要靠持之以恒的掌控力；也离不开亲情与友情的一臂之力。别把情绪当性情，懂得感恩，方可受人尊重；以礼待人，才能受人以礼；珍爱生活富含情感的人，才能达到人生新的高度。

掌控力要立足高度
ZHANG KONG LI YAO LI ZU GAO DU

登高才能望远。自然界如此,人生亦是如此。

思想和精神的高度越高,远处越是风景如画;在低处看世界,世界庸俗不堪,往往容易使人迷失自我。

当你能够忘记过去的得意或不快,立足眼下,展望和开创美好的未来时,说明你已站到了生活的高处。

当你发现,成功不会让你骄傲,失败不会将你击垮,平淡的生活也不会将你淹没时,说明你已站到了生命的高处。

当你修炼到能够包容生活的不快,专注于自身的责任,看淡个人利益,说明你已站到了精神的高处。

当你以希望之心向前看,以宽恕之心向后看,以同情之心向下看,以感激之心向上看时,你已站到了灵魂的高处。

年轻时看远，才能揽物于胸。只看眼前美景，难见山外之山；中年时看透，天下熙熙，皆为名来；天下攘攘，皆为利来。什么事情都跳不出名利的圈子；老年时看淡，看淡不是不求上进，也不是无所作为，更不是没有追求，而是一种境界，平和与宁静，坦然与安详，离尘嚣远一点，离自然近一点。

生活中，越是有故事的人，越简单沉静；越是肤浅单薄的人，越是浮躁不安。

成功的人，不全是才华横溢的人，而是那些站得高想得远，以人格魅力征服人的人。所以说，一个人虽然不能改变自己的形象，却可以改变自己的气质和心态；一个人不能达到理想的高度，却可以努力提高自己修养。

生活的意义不在于你拥有多少，而在于奉献了什么！一个胸怀大志的人，也是一个看得远的人；因为大志本身是一种高度，达不到这种高度，你无法坚守自己，也看不到美好的未来。

站得不高的人，往往被一些眼前的蝇头小利所俘获。到头来不但损害了国家和人民的利益，也葬送了自己的前程和未来。

譬如说那些贪官们，在台上时，反贪的高调唱得比谁都坚决，谁也无法相信他们能与那些丑恶的行径联系起来。他们身居高位，不可谓想问题没有高度，也不可能不知道后果将意味着什么。可是他们偏偏做了。这说明了什么？说明他（她）追求的高度是官职而不是人心。人若背离了人心，即使你职务再高，也难逃法律的制裁。

我们说的理想和未来，其实也是一种高与远的结合体。树立崇高的理想，必须要站在一定的高度。没有高度的理想是不够完美或残缺不全的理想。未来充满着不可预知的变数。就像身在高处远眺，远处雾遮云绕，如梦幻一般缥缈。为了实现理想走向未来,我们必须具备百折不挠的毅力和胆识,一步一个脚印向前迈进。只有这样,未来才不是梦想。

任何时候,任何事情,只要站到一定高度看,再大的困难也是小事了。比如说同样的距离看一只老虎。站在低处,老虎虎视眈眈无不叫人胆战心惊,若是站在高处看,老虎再厉害,只不过会像是一只猫一样大小。

懂得尊重是一种睿智

DONG DE ZUN ZHONG SHI YI ZHONG RUI ZHI

尊重他人就是尊重自己，这句话人人都会说，但不一定人人都能做到。

早在公元前1055年的西周，周公受先王周武王之托，辅佐年幼的周成王管理国家大事。周公不负重托，忠心耿耿为国事操劳，深得同僚们的信任与支持。有一次，周公正要吃饭，刚夹起菜送往嘴里，门官报有一客人来访，便马上把口中的菜吐出来起身接待来访者。这样连续接待了三位既不是同僚也非长辈的贤人，也吐了三次菜，才把一顿饭吃完。古人为推崇周公这种礼贤下士的美德，称之为“一饭三吐哺”并载入史册。

周公“一饭三吐哺”的故事，显然是尊重他人的千古典范。我们每个人每天都要与各种各样的人打交道，有当官发财的，也有贫穷卑微的，假若你是个有权有职或有财富的人，是不是对人能一视同仁给予尊重？且不说“一饭三吐哺”，哪怕是打个正常招呼，说几句礼貌的话，恐怕有的人也很难做到。国人讲究的是回报效应，按照一般人处世的观念，倘若你身处官位，或者你是个生意人，你追求的是回报效应，想方设法要接触的人是对你升迁发财有用的人，至于那些平民百姓，对你没有丝毫的帮助，也就没放在眼里。这些看起来无可厚非，问题是，长此以往，你会失去人心。人心好比是一块无形的金字招牌，不是靠权力和财富堆积起来的。你权力再大，财富再多，虽然看起来风光无限，倘若失去了人心，必将声名狼藉。

贵时莫忘贱时卑，好汉要知饿时饥。做人，不可以忘记了这条古训。无论官也好，民也罢，尊重人，是一个相互的过程。要想得到别人的真心尊重，那么我们首先就得真心尊重别人。所谓的真心尊重，是一种设身处地的关怀和同情，更是发自内心的心灵碰撞。倘若你春风得意时，官味十足财大气粗，别人尊重你恭维你，说穿了，那不是尊重你本人，是尊重你手中的权力和财富，对方要么是有求于你，要么是仰慕你的财富，这中间多多少少带有功利性目的。你要是有朝一日手中一旦失去了权力和财富，别人也就不会尊重你了。所以说，不管你是什么人，只要你不分对象将对方视为兄弟姐妹，主动帮助人，关心人，时时以礼相待，处处能为对方着想，那么，你得到的回报也是相等的。相反，真到了那一天，你的未来将比普通人更加狼狈。

掌控情义为己所用
ZHANG KONG QING YI WEI JI SUO YONG

情义是一种人格魅力，也是一种关爱他人的精神操守。千百年来，人们十分推崇三国时候的关云长，并到处建有关帝庙塑成关公菩萨供人们顶礼膜拜。论地位，关云长只不过是刘备手下的一员战将，何以经久不衰受到人们的敬奉？这其中最关键的一点就是：关云长忠肝义胆，事主忠贞不贰，堪称古今楷模。

古往今来，人们崇尚情义二字，都期望与有情有义的人来往，对薄情寡义的人要么退避三舍，要么老死不相往来。为什么呢？因为与有情有义的人交朋友，能同甘苦共患难，你会觉得十分开心。而那些无情无义之人，眼中装满的是利用价值观。有求于你时，对方会千方百计讨好你巴结你，一旦不需要你了，对方也就视你如同路人了。

情义有广义和狭义之分。广义的情义一般是指那些热爱祖国的正义之士。比如许许多多的英雄豪杰为了维护祖国的统一和尊严，舍小家为大家，甚至不惜抛头颅洒热血战死沙场。与此同时，也有一些汉奸卖国贼为了个人的荣华富贵，出卖国家和人民的利益。拿现在来说，有些人为了一己之利，于党纪国法于不顾，以权谋利，贪污腐化，损公肥私，弄虚作假。这些人触犯法律受到严厉的制裁是罪有应得，从道义上来讲，是出卖良心的无耻之徒。想一想，国家给了他们权力，同时又给了他们丰厚的工资和待遇，他们不思报国，却利用手中的权力敛财敛色。除此外，还有就是那些不法商人，通过弄虚作假以次充好牟取暴利，甚至严重损害了消费者的身体健康，你能说这些人不是丧失了良心的无耻之徒吗？人若丧失了良心，哪还有什么情义可言！从狭义来说，人与人之间的情义不可或缺。《增广贤文》里有这么一句话，叫作"钱财如粪土，仁义值千金"。意思是说，钱财再多也是廉价的，只有仁义才是最珍贵的。话虽简单，却十分重要。现实生活中，情义能带来意想不到的精神财富。所谓的精神财富，就是真诚的朋友，别人对你的高度信任感。你遇到困难了，朋友会给你无私的帮助。反过来说，你再富有，若丧失了情义，你将活得如粪土一般，没有谁会理睬你帮助你。

情义不是单纯地给点金钱资助别人，更不是好打不平的江湖道义。情义的范畴很广，体现在方方面面，比如亲情、友情、爱情等等。无论是什么情，靠金钱是买不到的。唯有做到真心诚意，才算是真正意义上的有情有义。简单点说，比如能孝敬父母善待家人，就是至高无上的亲情；对朋友乐于帮助坦诚相待，就是最真诚的友情；对妻子丈夫能无私包容相敬如宾，就是至善至美的爱情。总之，为人处世就一个字：真！倘若背离"真"而走向了反面，诸如虚情假意，以假弄真。那么，这个人纯粹是在弄虚作假，固然也就无情可言。情是建立在真实之上的友谊。

常言道患难之中见真情。患难中的交情比任务时候的友情更真实可靠。

感情用事不利于掌控力
GAN QING YONG SHI BU LI YU ZHANG KONG LI

人是有感情的高级动物，但很多时候，受感情的冲动，不少人感情用事，做下了后悔莫及的蠢事。

一天晚上，某君正在家中看电视，突然接到朋友打来的电话，朋友说他在某酒店受到了仇人的围攻，希望某君召集几个弟兄赶去拔刀相助。某君一听，不假思索拨通了几个好朋友的电话，带上短刀匆匆赶到酒店，见朋友衣衫不整被一群人围在当中，便不由分说冲到人堆里对围攻朋友的人一顿拳打脚踢，他两个朋友还拔出刀子刺伤了几个人。一时间，对方在毫无准备的情况下伤痕累累。这时，“110”赶了来，将打人的人和被打的人全部控制起来带到了派出所。在派出所里，某君才明白发生了什么事。原来他朋友与一女人到酒店嫖宿，被女人的丈夫跟踪，才进酒店房间，就被尾随而来的几个人按在地上痛打了一顿，随后又将他拖出酒店，说是要交给派出所处理，结果在酒店门前遭到了某君等人的围攻殴打。派出所以持刀行凶伤人为由，将某君一干人进行刑事拘留。待某君明白过来时，已悔之晚矣！假若某君接到朋友的求助电话时，能好好想一想，到底发生了什么，到了现场，先问个明白，弄清是非，再作打算，就不会不明不白触犯法律，摊上牢狱之灾，最后被公司除名了。

老李是某单位的副科长，科长是个愣头青，年纪比他小一圈，是总经理的小舅子。一天，老李听说科长要升职了，他就想，论资历和水平，这个科长位置怎么说也是自己的了。可事与愿违，没几天，上头又调来了一个科长。老李为此十分生气，他找到公司经理理论，甚至脸红脖子粗摔东砸西，情绪很不平静，根本就不听经理的解释。几天后，老李从别人口中得知，公司经理原本想推荐老李出任公司的副经理，经老李这一闹，经理打消了这个想法，另推荐他人了。老李一听心底凉了。

生活中，有许多的事情就因为感情用事，被一时的情绪所左右，结果往往是事与愿违，不但得不到想得到的，反而自己把自己给坑了。

喜欢感情用事的人，往往是因为定力不够，心如浮萍，沉不下来。怎么样才能消除或减轻感情用事，这关系到如何提升积极乐观的心理素质问题。

很多人遇事，总喜欢往不利的方面去想。说到底，还是一种自卑不自信的心理表现。如何消除自卑心理，让自信心完全占据心里，就要学会事事往积极的方面去想，以积极对抗消极，以自信对抗自卑。

感情用事,往往与情绪有关。控制不了情绪,也容易感情用事。

比如说,你下班回到家中,洗完澡,正靠在沙发上悠闲轻松地观看电视时,突然间有人找上门来,来人一脸的怒气,指责你在人前说了他的坏话。这种时候,对方无疑破坏了你愉快的心情。你如果控制不住自己的情绪,怒目相对,大声质问对方,有可能使事情扩大甚至动起手来。你所能做的,就是心平气和让对方坐下来,奉上一杯热茶,然后像拉家常一般,有理有节陈述事情的经过,证明是一种误会。对方见你如此大度,即使不怎么相信你的话,也会被你的真诚感染,语气也会缓和下来,甚至还会向你道歉。

人每天都要与人打交道,人的大脑也容易发热,不排除没有偏见和误会。无论遇到什么事,不要主观武断,更不要立即行动,先要静下心来好好想一想,在能与不能上多打几个轮回。能做,将会是什么结果,不能做,又会是什么结局。经过这样的一个冷处理过程,再大的事情,也有回旋的余地,终将有解决的办法。唯有这样,才能消除或缓解感情用事。

谅解他人也是善待自己

LIANG JIE TA REN YE SHI SHAN DAI ZI JI

多点谅解心，是一种智慧。因为谅解了他人，其实也是在善待自己。

原谅别人是一种豁达，原谅自己是一种释怀。学会了原谅别人，你会发现自己轻松了，愉快了，自信了，成熟了。

生活中，就像上齿碰到下牙一样，磕磕碰碰的事难免发生。朋友的一些言语伤害了你，同事家人的一些误会会让你苦恼不堪。如果计较的太多，不但会伤害了亲情友情，同时也会失去朋友。

既然生活中有许多事情不是你所希望的那么如意，有许多人不是你所想象的那么单纯美好，我们何不换一种思维方式，学会原谅呢？

比如别人不小心碰坏了你的东西，这种时候别人也会内疚，会向你道歉。这时候你就得想，东西已经打坏了，再怎么急也没用，只能用和平的方式来解决。你不妨说“你也不是故意的，没关系，只是我这东西等着要急用”。别人听了,也会难过,会主动向你赔偿。倘若你气势汹汹上前抓住对方怒骂,一场争斗必定会发生,搞不好还会酿成流血或刑事案件。遇到有人指桑骂槐污辱你,你虽然气愤,但无须与人对骂。针尖对麦芒,反而会把事态扩大,有些好事之徒巴不得天下大乱。你能保持沉默或冷笑着不予理睬,就是最好的反击武器。因为群众的眼睛是雪亮的,谁对谁错,大家心中明明白白。搭乘公交车,有人不小心踩到了你的脚趾,别人说“对不起”,你能原谅对方,大度一笑说句“没关系”,或者不想说就不做声,顶多是把气憋在心里,事情也就过去了。你要想到,对方不是故意踩你的脚,这种环境里,你也有可能会踩到别人脚的时候。倘若你破口大骂,踩你脚的人本来就不是故意的,听你骂他,也会开口回骂。你来我往,事情只会变得更加糟糕, 别的乘客也会道你的不是。因为你的脚只是被人不小心踩了一下,并没受到什么大的伤害,何况人家道过歉了,你再骂人家,显然是你的不对。如此一来,你不但被人踩了脚,还犯了众怒,实在是没有必要。

能够原谅别人,是一种大度。你不会原谅别人,是因为自己的狭隘、自私和虚荣意识在支撑着所谓的面子。你是担心有人说你胆小怕事,担心自己不够强大。其实你的这种担心,是一种彻头彻尾的自卑心理。

不能原谅别人的人,只会生活在无边的痛苦中不能自拔。人生匆匆几十年,计较的太多,烦恼也就多。开心是一天,痛苦也是一天,为什么就不能开开心心地生活,而非要让痛苦和烦恼折磨自己呢?

学会原谅别人,原谅能原谅的一切,人生才活得充实、轻松和豁达。

感恩心有助于掌控情绪
GAN EN XIN YOU ZHU YU ZHANG KONG QING XU

恩情有许多种。比如说，父母的养育之恩，朋友的知遇之恩，师长的教授之恩，上司的提携之恩，解救自己于危难的救苦救难之恩等等。无论是哪种恩情，施恩图报非君子，有恩不报是小人。我国是个礼仪之邦，自古就有不少知恩必报的典型例子。

汉朝的开国功臣韩信，年幼时家里很贫穷，常常衣食无着，他跟着哥哥嫂嫂住在一起，靠吃剩饭剩菜过日子。小韩信白天帮哥哥干活，晚上刻苦读书，刻薄的嫂嫂还是非常讨厌他读书，认为读书耗费了灯油，又没有用处。于是韩信只好流落街头，过着衣不蔽体、食不果腹的生活。有一位为别人当佣人的老婆婆很同情他，支持他读书，还每天给他饭吃。面对老婆婆的一片诚心，韩信很感激，他对老人说："我长大了一定要报答你。"老婆婆笑着说:"等你长大后我就入土了。"后来韩信成为著名的将领,被刘邦封为楚王,他仍然惦记着这位曾经给他帮助的老人。他于是找到这位老人,将老人接到自己的家里,像对待自己的母亲一样对待她。韩信这个知恩图报的故事,千百年来一直被人们传为美谈。又比如说,三国时期的诸葛亮感激刘备的知遇之恩,倾其一生,鞠躬尽瘁;伍子胥感激吴国公子光的知遇之恩,助其成就大业等,无一不是知恩必报的典范。

生活中,每个人或多或少都会受到别人的恩泽,比如说没粮了邻里解了燃眉之急,口渴了别人给碗水喝,出行没车别人捎我一程,生病了有人主动送去医院。等等这些,虽然是点滴之恩,但不可以忘怀。在接受别人恩惠的同时,自己也或多或少施恩于人。施恩于人不图回报固然是君子风范,但受恩于人不可不报。不懂得报恩的人,无异于忘恩负义,其行径终会受到人们的唾弃。在这世上,有些人值得你对他好,而有些人并不值得。这是因为不一定人人都会领你的情。有的人你对他越好,他反而觉得理所当然,非但不领情,还会目中无你,认为你是想巴结于他。但即便是这样,必要的时候,也不可终止帮一把。况且,施恩不图回报,是一种风范,一种素养。时间久了,自然会得到理解。

感恩,是一种心境,一种发自内心的感谢。如经济条件允许,对恩人怎么报答都不过分。倘若条件有限,或者说自己生存都成困难,若能对恩人保持经常性的问候,帮助做些力所能及的事情,这样比任何物资的答谢都要有意义。感恩,更是一种精神上的慰藉。无论遇到什么事情,只要从细微处想到有恩于自己的人和事,想到那些曾经帮助过自己的人,想到有恩于自己的亲人和朋友,就会控制住不良情绪,化被动为主动,重新振作起来。

孝心铸就美德

XIAO XIN ZHU JIU MEI DE

儿子与母亲坐在小区草丛边的长条椅上晒太阳。风华正茂的儿子在看报纸,风烛残年的母亲坐在旁边。忽然,一只麻雀到附近的草丛里觅食,母亲喃喃地问了一句:“那是什么?”儿子闻声抬头望了草丛一眼,随口答道:“一只麻雀”。说完继续低头看报。母亲点点头,若有所思,看着麻雀在草丛中跳跃,又问道:“那是什么?”儿子抬起头看了一眼,皱着眉,不情愿地答道:“妈,我刚才告诉你了,那是只麻雀。”说完一抖手中的报纸,继续往下看。母亲点点头,没有作声。这时候,麻雀振翅飞起,落到了不远处的草地上。母亲望着草地上的麻雀,又问:“那是什么?”儿子一听,有些不耐烦了,合上报纸对母亲说:“一只麻雀,妈妈。我说过好几次了,不就是一只麻雀么,怎么老问起这个?”说完,负气地盯着母亲。老人并不看儿子,似乎并没发现儿子生气了,仍不紧不慢地盯着麻雀问:“那是什么呢?”这下可把儿子惹恼了。他挥动着手比划着,大声对母亲吼道:“我说过几遍了,那是一只麻雀。你到底要干什么?”母亲一言不发站了起来,颤颤悠悠往屋里走。儿子正在气头上,也不说话,叹气随手扔掉报纸,麻雀被吓走了。没过一会儿,母亲又回到了座椅上,她把手中旧得发黄的小本子翻到其中一页,然后递给儿子说:“念给我听听。”儿子照着本子念了起来:“今天,我和刚满三岁的儿子坐在公园里,一只麻雀落到我们面前,儿子问了我二十一遍‘那是什么?’我回答儿子二十一遍‘那是一只麻雀。’儿子每问一次,我都要拥抱他一下,不但不觉得儿子烦,为有一个如此天真可爱的儿子高兴哩!”老人听完,眼角露出了幸福的笑容。儿子合上本子,羞愧异常,强忍泪水拥抱着老母亲,哽咽着说:“妈妈,我错了。”

四次与二十一次相比,这是怎样的一种情感落差!至少,也是儿女对父母养育之恩无法偿还的亏欠。

父母对儿女深挚的爱,比天高比海深。而儿女对父母的情,要是能有山高有湖深,做父母的不知会有多满足了。

人人都是父母所生。父母是儿女最好的榜样,自己今天对父母的态度,必是明天儿女对自己的态度。人生就那么回事,别自己挖个坑将来自己跳下去。

老人和小孩就行动和智力上来说,没什么大的区别。父母老了,弯腰驼背生活不能自理,不要责怪她们什么也做不了。因为她们把你从一尺长拉扯大,已经做的够多了,现在该是你照顾他们的时候了。父母大小便失禁,你不应嫌臭怕脏。她们一把屎一把尿地精心照料你,不知付出了多少个不眠之夜。你为父母端屎接尿,是情理之中的事。父母流口水弄脏了衣服或者把饭菜掉到了地上,你没必要表示不满和烦恼。因为你小时候流的口水掉的饭菜,不会比父母的少。你帮父母勤洗衣服打扫卫生,是理所当然的。父母言语唠叨含混不清,你没必要大声呵斥,因为你牙牙学语时,你的叽叽喳喳被父母当作歌来听。你能做的,就是要耐着性子听父母把话说完,适时安抚父母孤独的心灵,尽量满足父母的愿望。

俗话说得好:家有老人是个宝。这里说的宝,不外乎有这样两个意思:一方面,父母是一家的主心骨。父母在哪儿,哪里就是家。家有父母,家中的大门不会随时关着,我们可以放心地去干我们的事情。另一方面,家有父母,无论我们岁数多大了,都是在父母庇护下的小孩子,心永远是年轻的。

父母恩深终有别,与其父母死后把丧事办得风风光光,还不如趁父母健在的时候好好孝敬!这才是你应该做的。

母子鸟的启示

MU ZI NIAO DE QI SHI

据说在地球最北端的格陵兰岛上生活着这样一种鸟，假如你逮住了母鸟，不论你把母鸟带去多远，藏到什么地方，它的孩子们一定会千方百计飞回来找它们的母亲；同样，要是你逮住了幼鸟，母亲也会千方百计找它们的孩子。所以，岛上的人们把这种鸟称为母子鸟。

也许是受母子鸟的启示吧，格陵兰岛上的居民没有几口人的家庭，大都是几十口一家。直到人口繁衍得实在住不下了，才恋恋不舍地分开居住。他们说，连鸟都知道骨肉不能分离，何况人呢？

现实生活中，不及母子鸟有情重义、漠视良心践踏亲情的事屡见不鲜。

某地曾发生了这样一件事：一个风雨交加的夜晚，一栋土砖危房轰然倒塌。住在危房里的两个老人，老母被砖块砸死，老父被木头砸成重伤。你要是以为这是一对孤寡老人，你就大错特错了。老人生有四个儿子，大儿子在县里某单位工作，早年间举家迁到了县城居住，其他三个儿子都择吉兴建了小洋楼，这两间又老又破的房子，自然留给了老两口居住。这还在其次，老两口随着年纪的增大，身体每况愈下。老大住在县城，很少回家一趟，几乎从不过问父母的生活。其他三兄弟见老大这样，有“榜样”在先，每人每年除了极不情愿给父母两百斤稻谷外，其他的一律不管。一年六百斤稻谷两人吃饭略嫌少，自然拿不出粮食来换些零用钱了。老两口有病没钱治，衣服破了没钱买，住在岌岌可危的房子里，每天只能对天长叹，泪流不止。为此，当地乡村干部也曾上门调解过，但清官难断家务事，老大不愿回来，其他三兄弟更是借故不沾边。

房子倒塌一死一伤后，老大这才从县城急匆匆赶了回来。他伏在母亲的棺木上哭天抹泪起来。这时有人对他说：“你是老大，你父亲躺在医院急等着交钱，你母亲的丧事又如何搞？”他拍着胸脯说：“我父亲的病要治，我母亲的丧事按最隆重的搞，花费的钱，我们四兄弟平分。”一旁的三兄弟听了，摩拳擦掌起来，意思是这些年老大没供养父母，这些钱要老大一个人出。老大听了，自然不乐意了。于是四兄弟为此动起手来，扭作一团，最后是各有所伤。老大一气之下，拖着带伤的身体返回县城去了。老大一走，其他三兄弟更是作鸟畜散，谁也不出头了。邻里和亲戚实在看不下去了，纷纷解囊相助。

父母恩深似海，兄弟情重于山。这个道理人人都清楚，但有些人就是冥顽不化。造成这一现象的根源，除了过于自私，还有就是愚蠢透顶。

过于自私能毁灭人性，愚蠢透顶无药可救。

母子鸟为何明白骨肉不能分离？乌鸦为什么知道反哺？因为亲情是一种天性，一种本能。畜类况且能如此，为什么现代的有些人反而做不到，以至于泯灭了天性，泯灭了良心？

这不是危言耸听，也不是故作多情。听说过“屋檐滴水”的典故吗？孝敬父母，其实也是在孝敬自己。

管闲事是一种积极情绪

GUAN XIAN SHI SHI YI ZHONG JI JI QING XU

所谓的闲事，大多指与己无关的事情。

有这么个笑话：一天，两个人结伴去赶集，前面的人肩扛一袋豆子去集市上卖，边走边讲起了自己管闲事的种种不好，最后对后面的人说："老伙计，别人的闲事管不得的。"后面的人点头称是，忽而发现前面人肩上的袋子破了个洞，豆子不时往下掉，便问道："别人的闲事有时候也该管管的。"前面的人连连摇手说："老伙计，别人的闲事千万莫去管。"后面的人走了一阵，实在看不过去了，一连问了前面的人几次，说要是别人的东西掉了，这种闲事管不管呢？前面的人还是摇头说："别人的东西掉了，又不是掉你自己的，去管什么？还是莫管的好。"

二人来到集市上，当前面的人把肩上的袋子放下来时，发现袋子里面的豆子掉了大半，便埋怨走在后面的人道："我的袋子破了豆子快掉光了，你走在后面怎么也不提醒我一下呢？"后面的人笑着说："这事你怨不得我，我几次要与你讲，你不让我讲的。"前面的人奇怪了，问道："我几时不让你讲了？"后面的人说："我刚想告诉你，你再三要我莫管别人的闲事呀！"前面的人一听，盯了对方一眼，懊悔极了。

虽然这只是个民间流传的故事，从这个故事里，我们不得不说，利人的闲事还是要管管的。

生活中，闲事分很多种。夫妻吵架，兄弟反目，邻里纠纷，各种利益之争等等，都是属于闲事的范畴。什么闲事该管，什么闲事不该管，心中要有杆秤。比如说事关别人家庭的隐私，还有就是别人不想让外人插手的事情，我们当然不要主动去管。要是危及到公共利益，或者在他人不知情的情况下伤及到他人利益的事情，当然要主动去管了。这个时候要是袖手旁观不闻不问，就显得有些缺乏爱心麻木不仁了。

某乡干部路过一处村庄时，发现围着一大堆人闹得不可开交。这名乡干部觉得该村不是自己驻点的村，自己又不是乡调解员，不属于自己的职责范围，于是视而不见，去往别的村了。当天，该村矛盾升级，酿成了群死群伤的大事件。在追究领导责任的同时，有人发现这名乡干部上午从这儿路过，并没及时出面制止事态的扩展。故此，他受到了不作为的惩戒。该干部很是不服，觉得自己很冤。他就没好好想想，自己是名乡干部，是为全乡人民群众服务的。在群众需要干部的时候，没有地域之分。

人们喜欢把管自己不该管的事叫“狗抓耗子多管闲事”。其实，抓耗子不一定就是猫的事，狗一样也可以抓。况且猫也有好猫和懒猫之分。若是遇上只懒猫，还不如狗抓耗子的效果好。所以说，只要是有利于大家利益的闲事，不管是分内分外，遇上了就得管。

礼节与成功的关系

LI JIE YU CHENG GONG DE GUAN XI

我国是有数千年传统的礼仪之邦。自古以来，礼节成为了人与人交往的首要环节。生活或工作中，谁也不愿意与一个不懂礼貌的人打交道。因为在人们的意识中，如果一个人连基本的礼节都不懂，那么可以看出这个人不懂得尊重他人，至少没什么素质。如此一来，谁又愿意与一个没有素质的人来往呢？

打个很简单的比喻，某人去向人借东西，见了面，先是“嗨”了一声，接着说：“把某某东西借我用一下。”对方听了，很是反感地说：“我家没有，你去找别人借吧。”待借东西的人离开后，这人自语道：“连个称呼都没有，我又不是头牛，嗨什么嗨，有也不借给你。”从这个例子来看，一是某人缺乏礼貌，不会按年长年幼称呼对方；二是语气生硬，带有命令的口吻。假若某人客气地称呼对方，然后说：请问你家有没有某某东西，如果有的话，能不能借我用一下,用完就还给你。对方听了,心情会舒畅,有的话,一定会借给他。如果没有,也会客气地解释。所以说,同样是几句话,说得好听,能得到对方的帮助;说得不中听,即便很容易的事也会办砸。

礼节贯穿于生活的各个细小方面,过去的那些繁文缛节自然要丢掉,但人际交往中必要的礼节是不可缺少的。从很大程度上来看,这标志着一个人成熟与否。所以说礼节是一门做人的学问,也体现人的素质。在这里不妨列出平时容易忽视且需要注意的几项礼节,仅供参考:

1. 拨电话或与人打招呼时,不要“唉”字当头。如对方是长辈或领导,不要嘻嘻哈哈,这样显得你不够稳重。应以“您好”作导语。若对方是平辈或同事或晚辈或下属,虽然可以随便一点,也应先说“你好!”然后再说事情。说话要先打好腹稿,条理清晰。不要杂乱无章,更不要盛气凌人。

2. 与人握手时,尽量握满掌,可以多握一点时间,这样显得你热情真诚,除非对方抽回手,切忌碰一下就松开。与女士握手,要尊重女士,待女士伸出手后男士再伸出手,如果女士不愿与男士握手,男士先伸手再缩回就显得尴尬了。握手时不宜握得太紧,握半手即可。

3. 与人说话或会上发言,不要什么都以我做“主语”,也不宜以我为中心,没有别人说话的机会。先要虚心倾听别人的意见,在尊重别人意见的基础上提出一些自己的看法。即便别人说的不怎么对,如果不是原则问题,就不要在公众场合全盘否决。有意见,可以私下里交流,给人留点面子。

4. 众人上小车,不宜抢先占座位,要让长辈或领导先上。乘坐公交车,也不要拼命去拥挤,主动让老弱病残先上并懂得让座。平时进门槛或乘电梯也一样,要谦恭有礼,尊老爱幼,礼貌待人。

5. 客人到你家拜访，不要逼着客人看你的家庭相册，也不要炫耀你的奖章证书。客随主便，人家是来消闲的，不是来参观的。特别在这个时候不要提及任何不愉快的话题，扫了大家的兴。

6. 再穷也要为人大方。与人打车时，要抢先坐在司机旁，不要挨挨挤挤缩在后面。那样的话，人家会认为你小气，害怕埋单。

7. 背后不要论人长短，多说人家的好话。当有人在你面前说某人坏话时，你不要火上浇油。因为说某人坏话的人说不定会将你说的坏话转告给某人。

8. 同事或朋友生病了你去探望，要自然地坐到病床上。倘若你远远地站着与人说话，人家以为你是嫌脏，心里会不愉快，达不到你看望病人的目的。

9. 尽管心里对某人有成见，不要过分表露出来。对人要一视同仁，公开场合更不宜厚此薄彼，要学会尊敬不喜欢的人，善于和不同意见的人处事。比方说，你与人打招呼或与人握手，不宜明示到此为止。那样的话你有可能从此得罪了某人。

10. 人家找你帮忙，明知不行，但还得把未出口的“不”改成“我尽力而为”“这需要时间”“这个还不能确定”等等，不要一口回绝人家说不行。那样，人家听了会很失望，尽管知道这事没指望。

总之，生活中的礼节涉及方方面面，我们只要换位思考，就能如鱼得水了。

掌控是非决定成功

ZHANG KONG SHI FEI JUE DING CHENG GONG

战国时期，群雄并起，各地文人术士纷纷蠢蠢欲动，寻找自己的栖身之地。秦国的公孙鞅，即后来有名的商鞅，颇受秦王赏识，拜为相，辅助秦孝公变法，使秦国很快富强起来。

秦孝公二十二年（公元前340年），秦国趁魏国刚被齐国打败之机，派公孙鞅率领大军伐魏。魏国见秦国来犯，派公子卬统领军队应战。公孙鞅以前与公子卬有交情，于是公孙鞅修书一封，主动与公子卬套近乎。他说："以前我们交情很好，虽然现在各为其主，但我也不忍心咱们相互残杀，破坏感情。我们还是见个面，谈谈罢兵，订个盟约吧！"书中言辞恳切，溢于言表，公子卬信以为真，赴了公孙鞅的宴会。岂知公孙鞅事先设下了埋伏，在喝酒的时候，公孙鞅一声令下，生擒了公子卬。公孙鞅利用被俘的随从，大举进攻魏国。魏惠王在与齐国和秦国的数次交战中屡屡失败，国内空虚，已无力抵抗，只得割让河西献给秦国求和。公孙鞅胜利班师回朝后，获得了封地的奖赏。战事之初，公孙鞅以温和谦恭真诚的语言，打动了公子印的心。可怜的公子印由于心地善良，竟然完全相信了公孙鞅的话。结果未等开战，魏军受制于秦，让国家蒙受了耻辱。

从以上例子就可以看出，重视朋友交情，首先要明辨是非，不可为了一己之情，而做下遗恨千秋的事情来。

世事难料，人心险恶。无论干什么，都要三思而后行。不要轻信他人，也不要被表象所迷惑，以免祸及自身。

待人真诚固然是一种美德，然前提是先要认真地想一想，不妨透过现象看本质，这件事能不能干，干的后果将会是什么。倘若真诚对待善良的人，以心换心，当然是锦上添花的好事了。如果真诚换来的是一只狼的险恶用心，对方是一个伺机整垮你的伪善之徒，那么你是无异于往火坑里跳。

人不可以没有交情，但也不可以只顾交情而没有了原则。所谓的原则就是国家和人民的利益高于一切。在原则和交情面前，有的人往往容易冲动偏向于个人交情。要知道，任何的冲动有百害而无一益，因为冲动是魔鬼。

好情绪产生人格魅力

HAO QING XU CHAN SHENG REN GE MEI LI

人格产生魅力是一条不容置疑的人生定律，然人格又是什么？笼统来讲，好的人格是一种精神层面好的思想境界。细加剖析，高层面的思想境界源自于好的情绪。只有具备积极的情绪，才能迸发出高境界的思想火花。

生活中有这么一种人，不见得很帅，个子也不是很高的那种，然而他就是与众人不一样。在单位里，他既得上司的信任，也得同事们的喜欢。无论走到哪儿，都让人有一种亲近感。不得不说，这就是人格释放出的一种魅力。

如何获得人格的魅力，没有别的，只有一点，那就是在尊重别人的同时，对别人要有一种发自内心的兴趣。

为什么不是每个人都有这种人格魅力？说到底，缺乏的就是对别人的兴趣。这里说的兴趣，当然不是指那种琢磨人、窥视别人隐私的行为。是指关心人帮助人，事事能替别人着想的品德。如果说自私本位，事事先替自己打算，固然没什么人格魅力可言了。

对于一名管理者来说，会管事的不如会管人的受人拥戴。如果一名管理者不放心下属，事无巨细亲力亲为，那么不但自己很累，效益也不一定就会好。若真正是一名高明的管理者，必会舍得放权，让下属放开手脚去干。干得好，予以奖励。若是出现了一点漏洞，管理者也会自己承担责任。有这样的管理者，下属必定会全心全意效力了。用人不疑，其实就是一种对人的兴趣。

一个很简单的例子，动物园的饲养员为何能与凶残无比的虎狮零距离接触？原因是饲养员经常喂养它们，无微不至地关怀着它们，由此建立了感情。动物都知道讲感情，何况人乎？

著名汽车大王福特曾说过："了解人性的最好方法，便是与人要好。"

你对人家好，人家自然也会对你好。这个好，是一种发自内心并非做作的关爱。有了这种真诚的关爱，你自然而然会产生一种让人敬重的人格魅力。

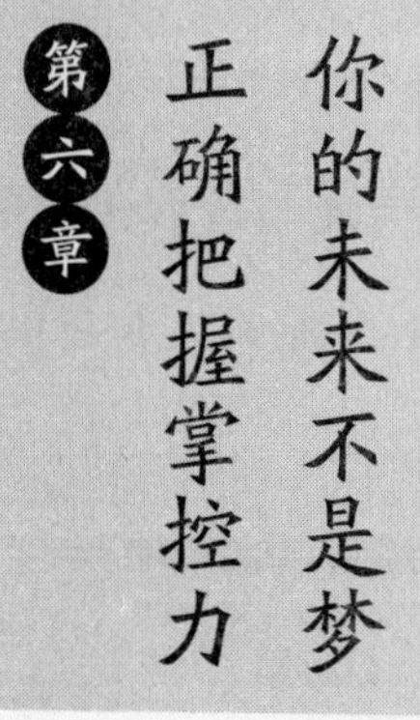

第六章 你的未来不是梦 正确把握掌控力

——日月匆匆，岁月不饶人。有了梦想，就该脚踏实地行动起来，逐步实现自己的人生目标。一分耕耘一分收获，好高骛远成就不了自己。观望、等待和畏首畏尾，只会到头空自叹！使梦想变成空想。

掌控好情绪重在修心

ZHANG KONG HAO QING XU ZHONG ZAI XIU XIN

负面情绪是内心受到外界的某种刺激而产生的一种不满发泄，不同的情绪取决于不同的人生观和世界观，所以说，掌控情绪，先要从修心开始。唯有修心，才能将各种负面情绪控制在萌芽状态。

如何修心？佛家倡导的是从身、口、意三个方面入手，也就是杀、盗、淫、妄、酒“五戒”。笔者认为除了这五个方面外，还有就是保持心的一份宁静。唯有一颗宁静的心，才能不被外界的功名利禄所俘获，不被浮华的生活所诱惑。

心的修炼不比建设一个庞大的工程容易，涉及到方方面面，也是一个较长的心路历程。首先，要懂得自身的优缺点，这样才好“对症下药”。比如说遇事容易激动，那么就得学会客观冷静，培养一种处变不惊的能力；倘若事业不顺，那么就多想想那些反败为胜的典型人物，以此来激励自己；

在金钱面前,要坚守道德底线,时刻提醒自己不义之财贪不得;面对别人的批评,要虚心接受,因为人无完人,缺点和错误在所难免,以后改正便是,即便是别人误解了你,也不要轻易分辨。因为白就是白,黑就是黑,真相始终会大白天下的,假使受人欺侮也不要紧,因为公道自在。再说无故欺侮别人的人,始终占不到什么便宜。有朝一日落在恶人手里,就是报应的时候到了。遇到不愉快的事情,可以先换种思维,想想别的开心的事情,这样才能不被坏心情所困惑。生活中不如意之事十之八九,如果斤斤计较,就无从干别的了。凡此等等,是修心中必会遇到的痛点。倘若能从这些痛点入手以“刮骨疗伤”的手段修炼自己,我们就可以应付自如,将情绪牢牢掌控在自己手中,不至变成情绪的牺牲品。

掌控自己从时间开始

ZHANG KONG ZI JI CONG SHI JIAN KAI SHI

岁月匆匆,晃眼就是一年;年复一年,眨眼间就是一辈子。人们都会感叹时间过得太快,还没活出个人样来,小屁孩就成了白须老翁。

不能不承认,时光对人是一律平等的,不会厚此薄彼。那么同样是吃五谷,为什么人与人的差别就那样的大?可以肯定的是,没有其他原因,全在于你是否珍惜时间。你能惜时如金,时间馈赠给你的是如愿以偿。所以不得不说,人生最宝贵的,不是金钱,而是时间。

世界著名学府有个著名的理论,叫作人的差别在于学习。人只要不断地学习,经常抽出分分秒秒来阅读、思考、学习,你的人生就会发生改变,成功就会向你招手。

勤奋与天分是矛与盾的关系。矛是进攻的利器,盾是用来抵挡矛的。不管盾如何的坚硬,盾没有了矛,毫无用处。没有人只依靠天分就能成功的。

就像盾有了矛才能派上用场一样，上帝给予了天分，唯有勤奋才能将天分变为天才。

晚清时期的曾国藩是中国历史上最有影响的人物之一。殊不知曾国藩小的时候，天赋并不高。按照如今的说法，甚至有些笨拙。一天晚上，曾国藩在家读书，对一篇文章不知重复朗读了多少遍，也没能背诵下来。时间已是深夜，他家里来了一个贼人，贼人见屋里有人在读书，便潜伏在他家的屋檐下，想等读书人睡了之后，再进屋行窃。可是左等右等，曾国藩还在翻来覆去读那篇文章，就是不见他睡觉。贼人等不及了，从屋檐下跳出来说："简直是笨蛋，这种水平读什么书？"于是将那篇文章背诵一遍扬长而去。不得不说，贼人是有些天分，至少比当时的曾国藩要聪明。可是贼人的天分用在了歪路上，所以只能成为贼人。

天道酬勤。天分好固然是成才的首要条件，但天分离开了勤奋，就一文不值了。相反，天分不怎么好的人，只要勤奋好学，一样能到达成功的彼岸。这就是通常说的勤能补拙。

在说到勤奋时，人们喜欢用"笨鸟先飞"来形容那些天分不是很好的人。这个比喻的确有一定的道理，也是对勤奋的内涵最形象的注解。在这个社会上，只要勤奋，人人都有可能成才。问题是你的勤奋用在了什么地方，有没有行动力，能不能舍得把点滴时间花费在学习上。倘若你痴迷于玩乐，学习上三心二意，老是抱着过了今天还有明天的想法。那么，你的人生将与成功无缘。

时间是无情的，过去了就不会复返。挨过了今天，就再也找不到同年同月同日的今天了。所以,要想有所作为,就把时间交给行动力,让行动力主宰分分秒秒。别看只是分分秒秒,一分耕耘就有一分收获。说不定在这些分分秒秒里,你会有意想不到的收获。

掌控力要力戒浮躁
ZHANG KONG LI YAO LI JIE FU ZAO

尘世的浮躁,世事的喧嚣,物欲横流的诱惑,容易使人心猿意马迷醉其中。真正能耐得住寂寞的人,不是很多。正因为如此,人人都想有所作为,但不是每个人都能走向成功的彼岸。

关于寂寞的含义,我们先读一段著名学者梁实秋先生的美文,看看他是怎么对待寂寞的:寂寞是一种清福。我在小小的书斋里,焚起一炉香,袅袅的一缕烟线笔直地上升,一直戳到顶棚,好像屋里的空气是绝对的静止,我的呼吸都没有搅动出一点波澜似的。我独自暗暗地望着那条烟线发怔。屋外庭院中的紫丁香树还带着不少嫣红焦黄的叶子,枯叶乱枝的声响可以很清晰地听到,先是一小声清脆的折断声,然后是撞击着枝干的磕碰声,最后是落到空阶上的拍打声。这时节,我感到了寂寞。在这寂寞中我意识到了我自己的存在——片刻的孤立的存在。这种境界并不太易得,与环境有关，但更与心境有关。寂寥不一定要到深山大泽里去寻求，只要内心清静，随便在市廛里，陋巷里，都可以感觉到一种空灵悠逸的境界，所谓“心远地自偏也”。在这种境界中，我们可以在想象中翱翔，跳出尘世的渣滓，与古人同游。所以我说，寂寞是一种清福。……但是寂寞的清福是不容易长久享受的。它只是一瞬间的存在。世间有太多的东西不时地在提醒我们，提醒我们一件煞风景的事实：我们的两只脚是踏在地上的呀！一只苍蝇撞在玻璃窗上挣扎不出，一声“老爷太太可怜可怜我这个盲人吧”，都可以使我们从寂寞中间一头栽出去，栽到苦恼烦躁的漩涡里去。至于“催租吏”一类的东西打上门来，或是“石壕吏”之类的东西半夜捉人，其足以使人败兴生气，就更不待言了。这还是外界的感触，如果自己的内心先六根不净，随时都意马心猿，则虽处在最寂寞的境地里，他也是慌成一片忙成一团，六神无主，暴跳如雷，他永远不得享受寂寞的清福。……有遇静坐经验的人该知道，最初努力把握着自己的心，叫它什么也不想，该是多么困难的事！那是强迫自己入于寂寞的手段，所谓参禅入定完全属于此类。我所赞美的寂寞，稍异于是。我所谓的寂寞，是随缘偶得，无须强求，一霎间的妙悟也不嫌短，失掉了也不必怅惘。但凡我有一刻寂寞，我就要好好地享受它。

作为一名颇有成就的著名学者，梁实秋先生对寂寞有其独到的感受和见解，称寂寞是一种清福。那么我们呢？是否也有同样的感受！

的确，要想耐住寂寞，尤其是强迫自己于寂寞之中，是一件不容易的事，更别说是清福了。所以，要想干成一件事情，不甘寂寞，只怕永远都是空谈。

人嘈多浮躁，心静自然明。无论你从事什么职业，若是只想当个混世魔王滥竽充数，固然不要耐什么寂寞了。要想实现自己的抱负，成就一番事业，没有一种耐得住寂寞的心境，是很难成功的。有个著名的理论叫作“人的差别在于业余时间”，也就是说，要想出人头地，就要充分利用一切业余时间，把自己关在小屋子里潜心学习刻苦钻研，唯有如此才能出成效。比如说青少年学生，如果仅仅满足于课堂几节课的学习，是很难掌握好全面知识的。有句话叫作功夫在课外，就是这个意思。比如说科研人员研发科研项目，既需要集体的智慧，更需要个人的钻研。如何钻研，也就是把自己置于某个特定的环境中，去思索，去发现。比如说文学艺术家，很多好作品是在孤独寂寞中完成的。

寂寞是一种清福，寂寞也是希望。为了成功的明天，必须要耐得住寂寞。

掌控力要摒弃虚荣心

ZHANG KONG LI YAO BING QI XU RONG XIN

虚荣心是一种被扭曲的自尊,有虚荣心的人,遇事喜欢炫耀,看到别人比自家好,就心里不痛快,哪怕自己穷,也要装成富人,争个面子。

老刘是个纯农业户,平时省吃俭用,供儿子上学。隔壁的老八这些年去广东打工赚了钱,是个暴发户,建起了一栋小洋楼。老刘见老八比自家富有,房子也比自家的要威风,很是不安。老刘就想:老八连自己的名字也写不周全,一样能赚到钱。这样一想,读不读书并不重要,重要的是像老八一样能成为富豪。于是令儿子辍了学,南下广东打工。

这年的年底,老刘儿子回来过年了。老刘满心欢喜,第一句话就是问儿子赚了多少钱。老刘儿子本来对父亲不让自己读书心存怨恨,听父亲这样一问,赌气地说:"赚了一百万,该满意了吧。"老刘一听,信以为真,欣喜若狂跑出屋子,对隔壁才回来过年的老八说:"嘻嘻,广东的钱就是好赚,这不,我儿子才半年多就赚了一百万。看来,我这老房子也该换换代了。"狠狠炫耀了一番后,老刘便联系拉砖买瓦事宜,准备过了年就开工建房。

大年初一这天上午,老刘一家人正欢欢喜喜过年时,一辆警车鸣着警笛停到了他家大门口。几个警察从车上下来后直奔老刘家,带路的是村支书。老刘还未明白是什么事,儿子就被警察带上了警车开走了。

这到底是怎么回事?老刘一家人全懵了。村支书说:"老刘你也别急,是真是假,会搞明白的。"老刘急着问村支书,到底发生了什么事。村支书说:"我也是刚才听警察说的,说你家儿子在广东参与了一起抢劫案。""我儿子为人挺老实的,他怎么会抢劫呢?"村支书说:"我也是这样对警察说的,警察说你儿子只是在一个工厂打工,每月才千多块工资。赚了一百万,这钱来历不明。"老刘一听,这才想起儿子说的一百万块钱来。他不知儿子说的一百万藏在什么地方,回到儿子房间翻了个遍,除了床板下的几百块钱,没发现那一百万块。

老刘正百思不得其解时,隔壁的老八进来了。老八拿眼扫视了房间一眼,问老刘:"你是在找钱吧?"老刘没好气地将手中几张百元大钞丢到地上说:"除了这个,什么也没看到。"老八说:"不可能吧,你明明说他赚了一百万,怎么才几百块钱?"老刘盯着老八诡异的双眼,立时明白了过来,问老八:"是不是你报给警察说我儿子赚了一百万的?"老八点头说:"我前几天着实被一个蒙面人抢走了一百万,至今都没抓到那个抢劫犯。你儿子只不过是个打工仔,怎么能赚到一百万呢?这不能不引起我的怀疑。"老刘一听,张了张嘴,不知说什么才好。没过几天,老刘的儿子被放回来了,老刘惊喜之下问他到底抢了老八的钱没有,儿子反唇相讥道;"你是希望我去抢去偷吗?”老刘摇头叹气道:“我怎么会希望你去抢去偷啊!”他儿子蔫头蔫脑道:“我要是真的抢了钱，能这样被放回来吗?你眼里只有钱钱钱,你以为钱是那么好赚的?”老刘明白儿子没抢钱,这才放下心来。

虚惊了一场后,老刘觉得还是别争那份虚荣了,平平安安才是最宝贵的。于是要儿子继续上学,不要再去广东打工了。

老刘为了心中的那份虚荣,令儿子辍学去打工赚钱,要与邻里比个高低。结果全家大年初一受了一场惊吓不说,害儿子白白丢掉了学业,要不是广东那边已抓住了嫌犯,说不定还要蒙受不白之冤。

十个手指也不一般齐,何况人!什么都想与人争个高低,分个强弱,这是最无知的表现。你得明白,你有你的优势,别人有别人的长处。没必要为了所谓的面子,事事与人比强弱。要知道,面子有时候会害死人的。

小李和小孔是同班同学,也是最要好的同学。每期考试下来,两人的成绩不分上下。可是高考时,小李上了重点线,而小孔勉强只够二本。这样一来,小孔心理失衡了。他觉得愧对父母,也无脸面对同学和老师。公布成绩的那天晚上,他一人默默来到了河边……

好点的学校固然有培养人才的先决条件,但能考上二本,只要发奋努力学到真本领,也一样能出人才。许多优秀的栋梁之材并不全是重点大学毕业的,有的甚至连正规大学都没上过,通过自学一样有作为,关键在人,不在学校。即便是正规大学的毕业生,也并不一定人人都有大的作为。

摒弃虚荣心,首先要加强自身的修养,从灵魂深处深刻反思自己,多角度分析社会的种种利与弊。遇事要看淡,别一条道路走到黑。人生的路本就充满着不定的变数，谁也无法预测自己未来的路会遇到怎样的艰难险阻。我们唯一能做的,就是选择好目标,扎扎实实走好每一步,尽量少摔跟头,不要好高骛远,更不要贪图虚荣。

掌控自己活在当下

ZHANG KONG ZI JI HUO ZAI DANG XIA

人生没有下辈子，活在当下，才是成功的基石。人们通常所说的下辈子，只是安慰自己而已。

历史上，秦皇汉武唐宗宋祖，韩胜岳飞李白杜甫，他们都是历史上杰出的人物，他们谁有下辈子？没听说过的！

有的人在困难和挫折面前畏惧不前，常这样安慰自己：今生不行，下辈子一定要活出个人样来。这种人所说的下辈子，其实是在自欺欺人，也是为自己的无能找一个极其拙劣的幌子。

试想一下，这辈子都不行，即便有下辈子，下辈子就能行吗?毋庸置疑，人若没有了闯劲，下辈子又是寄希望于下辈子，一直到地老天荒，还是要等下辈子。

人生苦短，好好地活在当下，实实在在活出个人味来，才是最真实的。

什么是人味儿？人味儿就是做人最基本的道德和职业操守。人若丧失了伦理道德，又无视职业操守，无异于社会的寄生虫，自然没什么人味儿。

要明白，人来到这个世上，不是来享福的。社会多元化的责任和义务，注定人类要承受太多太多的苦难。为社会的进步创造精神和物质财富，为子孙后代的繁衍“当牛做马”，还有斩不断理还乱的情感纠葛。等等这些，都需要我们付出艰辛的努力，甚至要忍受难以言说的苦痛。

说人生苦短，是因为人生只有那么区区几十年，我们每个人需要承担的责任很多。说不定哪天两眼一闭，就什么都来不及了。倘若化作了尘土没能给后人留下一点念想，此生活得又有什么意义？

这里所说的念想，不是物质财富，也不是高官厚禄，是一种激励后人的精神力量。比如说晚清名臣曾国藩，堪称教育后代的典范。清朝末年，曾国藩可谓是权倾朝野，却为官清廉，也无意为其子女谋取利益，所以没什么过多的财富留给子女。在曾国藩看来，儿孙如果贤明，不靠父母的官位庇护，也照样能够自己去找衣食。儿孙如果不孝的话，那么做父母的多积一分钱，自己将是多造一分孽，将来子女淫逸作恶，必定大坏家庭名声。所以曾国藩下定决心不靠做官来发财，也决不留钱给后人。他认为，如果朝廷给的俸禄较为丰厚，除了供养父母吃好喝好外，其余的钱尽量用来周济贫困者。曾国藩严格要求子女，被曾氏族人一代代传承了下来。直到今天，曾氏家族人才辈出，颇有作为。假如当时曾国藩不是这样，而是像许多的达官贵人那样容忍子孙骄奢淫逸，那么可以肯定地说，曾氏家族也不会有今天的发达。

珍惜每一天，重要的是要在儿孙面前树立做人的浩然正气。千万不要为了金钱，把自己赔进去了。儿孙自有儿孙富，莫为儿孙当马骑。不要以为留给子孙的财富越多越好,那样只会贻害无穷。像曾氏家族一样,只有严格的家风才是留给子孙最宝贵的财富。

人生没有太多的假设,现在的你才是最真实的你。值生命的黄金年龄,该拼搏的要努力拼搏,该感恩的要尽快感恩,不要等到以后再说。因为以后怎么样,谁也预料不到。

不要奢望有下辈子,今生活出自我来,才能无愧于父母和祖先。生命是父母给的,不可以挥霍;血脉是祖宗给的,不可以糟蹋。

人生,只有今生,没有来世。再怎么样,没有什么比活着更好的,因为活着就有希望。这一生只要努力了,就不虚此生。

珍惜身边的一切

ZHEN XI SHEN BIAN DE YI QIE

身边的一切包括方方面面,除了亲情友情和爱情,还有工作学习和事业。

懂得珍惜的人,才知道努力。不会努力的人,定然不会珍惜身边的一切。

有人说过,人生就是一列开往坟墓的列车,路途上会有很多的车站。有上车的,也有下车的,很难要大家自始至终陪着你走完全程。当陪你的人要下车时,即使不舍,也要心存感激。因为这一路上的风吹雨打,他毕竟与你相遇过。无论这种相遇是擦肩而过还是长时间的相处,都是一种缘分。是缘分,就得珍惜。

父母的养育之恩比天高比海深,再如何的倾心报答也难以偿还其恩情;兄弟姐妹的手足之情,相互帮助共图发达,是件天经地义的事情;人生的路上,谁都有几个亲戚朋友。亲戚朋友的提携与帮助,曾为你及其家人多多少少解了燃眉之急,你不可以忘记;邻里之间不管相处得如何,总有曾经相助的时候。远亲不如近邻,你不是王十万,何况王十万也有借“扛丧木”的时候;妻子再怎么样,毕竟你们同床共枕过,你不必吃着碗里瞧着锅里。要明白,你的恣意妄为,不单会伤害了妻子,也会伤害你的家庭。

这世上的工作有百十种,人也有百十种,不说是对号入座,可以说是量才录用。能找到一份工作养家糊口已经不错了,别这山望到那山高。三百六十行,行行出状元,无论什么样的工作,舍得干,就有出息。挑来挑去,最后是“箩筐选择瓜,越选越差”也保不定。学习是提升自己能力水平的主要途径,人没有生而知之,什么技能都要靠通过学习来掌握。不懂得学习的人,永远都长不大。没有事业心的人,只能是具行尸走肉。因为这个社会是靠无数人的事业心在推动向前迈进的。你不能推动社会，就会被社会淘汰。那么,你在这个社会上也失去了应有的价值,自然也得不到人的尊重。

比如说,父母在有生之年你不去尽一个子女的义务好好孝顺,父母不在人世了,你就不配要求子女对你孝顺了;兄弟姐妹本是同根生,她们有困难,你不能伸手帮助,你遇到困难时,也不会有人帮助你;亲戚朋友讲究的是有来有往,你只顾索取不愿付出,以后谁还会真心帮你;莫以为别人的老公老婆比自己的配偶好,说穿了,除了表皮的不同外,都差不了多少;你有本事,不用你去求人家也会用你,你没本事,即使你跪着求上门,人家也不会答应。因为人家要的是能干事的人,不是要请回一尊菩萨供着。你别以为自己能说会道就可以什么都懂,如今是高科技时代,事情是靠人干出来的,不是靠嘴巴说出来的。没有事业心的人,永远都是行动的矮子,语言的巨人。即便你是演员,这个社会上也没有那么多的剧团供你选择。

现实是仁爱的,更是残酷的。要想好好活下去,我们没有理由不珍惜身边的一切。

成熟是掌控力的标志

CHENG SHU SHI ZHANG KONG LI DE BIAO ZHI

什么是成熟？有人认为是能说会道处事老到；也有人认为是深沉冷静做人圆滑。不管是属于哪种，成熟是一种智慧。一个人成没成熟，主要看他能不能掌控自己。

有个寓言，是野狼和狐狸的对话。一天，一只野狼躺卧在草丛中勤奋地磨牙。狐狸看到了，就对野狼说："天气这么好，我们大家都在休息娱乐，你磨什么牙啊，加入到我们的队伍中来吧！"野狼没有说话，继续磨它的牙，把牙磨得又尖又利。狐狸不解地问："这里山高路陡人迹罕至，猎人猎狗很难上来，老虎也很少出没，几乎没有什么危险，你何必费那大劲磨什么牙呢？"野狼回答说："虽然看起来没什么危险，如果万一猎人和老虎追过来，那时我想磨牙都来不及了。事先把牙磨好，我就可以保护好自己了。"狐狸听了,这才恍然大悟。

这则寓言告诉人们,做人应懂得未雨绸缪,遇到挫折和不利因素时,才不至于手忙脚乱。说到底,真正的成熟莫过于“未雨绸缪”四个字。因为机会永远都是属于那些有准备的人,人只有活在有准备之中,才能立于不败之地。不得不说,懂得未雨绸缪就是成熟的象征。

从不成熟到成熟,是一个由表及里的质变过程。只有弄明白了什么是不成熟,我们才能较快地成熟起来。简单来说,人不成熟的表现有这样几个方面:

一是立即回报心理。这种人不懂得春天播种秋天才会有收获。什么事都习惯于急功近利。比如说学习一门技能,起初是信心百倍,没过几天发现不行,就自动放弃,又去改学别的东西了。就这样放弃了又学,没学几天又放弃,最后时间耗费了,什么都没学到,还埋怨是教的人没有水平。这个世界上,立竿见影只是一种愿望。不通过努力想一夜暴富,除了希望十分渺小的福利彩票,几乎没有。

二是不懂得自律。所谓的不自律,一个是不愿意改变自己。这种人自以为是,老子天下第一,老虎屁股摸不得,任意放纵自己的陋习,没有一点上进心,比如说打牌酗酒嫖娼泡舞厅,五毒俱全。二个是经常背后议论他人,搬弄是非;似乎这世上别的人都不行,只有他才行。三个是消极悲观失望,这种人不愿意努力实现人生的目标,当自己不为所用时,破罐子破摔,抱怨这抱怨那的,甚至发展到寻仇报复。

三是遇事情绪化。不能控制自己情绪,被情绪左右自己心志的人,是极不成熟的表现。比如说遇事爱冲动,动不动就暴跳如雷。待人处事容易被情绪左右。遇上高兴时,什么都好说,不高兴时,什么都不好说,没有一种理智冷静的心态。殊不知,情绪是人生最大的绊脚石。人在情绪中所作的任何决定,十有八九是不成熟的,有时甚至会触犯党纪国法,贻害自己的一生。

四是不愿虚心好学。社会在前进,人也应与时俱进。不懂得与时俱进的人,最终要被社会淘汰。靠什么与时俱进?最主要的是要通过不断的学习,吸取新知识新养分,人才能立于不败之地。有的人以为要文凭有文凭,要学历有学历,没什么可学的。岂不知,文凭和学历只代表过去。一旦有机会来了,你没有扎实的文化功底,文凭和学历也帮不了你什么忙。再说了,学习是个全方位的综合过程,除了书本知识,还有社会实践知识。不注重学习,也许只能被动应付。

五是缺乏原则和信念。没有做人的原则,也没有什么人生信念,是人生之大忌。没有规矩不成方圆。人没有了原则,躺到床上甩鼻涕,甩到哪儿算哪儿,是办不成大事的。人缺乏了信念,也就等于丧失了方向,如无舵之船,只能在大海里随波逐流,也有可能葬身鱼腹。

基于这五个方面,为让自己尽快成熟起来,举一反三未雨绸缪,的确显得十分重要。

嫉妒心无法掌控未来

JI DU XIN WU FA ZHANG KONG WEI LAI

嫉妒心是进步的天敌,嫉妒心强的人心胸狭隘,见不得别人比自己好。一旦发现有人某些方面超过了自己,便神魂不安由妒生恨,进而失去理智做下遗憾终生的事情。

小吴和小龚是很要好的大学同学,又同时被一家金融公司录用。一年下来,小吴的业绩远不及小龚的好。年底,小龚被公司聘为业务部门经理。而小吴呢,还是个普通业务员,由于完不成任务,经常受到公司经理的批评。小吴开始对小龚不满了。他认为,自己的处境,是小龚一手造成的。要不是小龚故意表现自己,自己也不至于相形见绌。在这种心态的驱使下,他决定要报复小龚。这天,他得知第二天公司总经理要来分公司,并要到小龚所在的业务部门检查,并听取小龚的业务工作汇报。他觉得机会来了，于是这天下午待大家下班后，趁小龚不在，他偷偷潜到小龚的办公室，找到小龚准备好的汇报材料打印一份揣进自己口袋，再把电脑里汇报材料上的数据全部改动了。第二天，总经理听小龚汇报吞吞吐吐，汇总的数据也没有逻辑，便打断小龚问："你这数据准确吗？"小龚欲言又止，脸立时红了。正当大家感到尴尬时，小吴将一份材料递到总经理面前说："总经理，你看看这个。"总经理点点头看了一遍，问小吴："你这些数据是哪来的？"小吴显得胸有成竹道；"我虽然是个普通业务员，为了公司的利益，平时多了个心眼，把相关数据记录下来了。"总经理一听，对小吴赞许地点点头，盯着小龚，将材料甩到他跟前质问道："你这个业务经理是怎么当的，连个普通业务员都知道为公司着想，你报上来的数据漏洞百出。"说到这儿，对坐在旁边的分公司经理说："你们这个业务经理能不能当，我看值得考虑一下。"分公司经理点头道："我一定会好好处理这事的，请总经理放心好了。"总经理一走，分公司经理把小龚叫到办公室，询问他怎么回事，连个数据都颠三倒四，统计不清楚。小龚说不出个所以然，只说念到这些数据时，发现与统计的数据好像有些不相符，但一时又没办法纠正，只得勉强往下念。经理问："小吴的数据是哪儿来的，你不觉得奇怪吗？"小龚有些茫然，讷讷地说："我也感到有些纳闷，平时他根本就没接触这些，怎么会知道得一清二楚呢？"这时，有人进门找经理有事，经理问是什么事。那人附在经理耳边低语说了几句话就走了。经理对小龚说："果然是他搞的鬼。"小龚问是谁？经理问："你昨天下班时去哪儿了？"小龚想了一会儿说："有个客户打电话找我，我五点就出去了。"经理说："昨天下班后，有人看到小吴潜进了你办公室，半个小时才出来。你想，不是他捣的鬼还能是谁？"小龚这才恍然大悟。当天，经理就找到小吴，把他开除了。

小吴偷鸡不着反蚀把米,是顺理成章的事。正是由于他的嫉妒心理,不但把好好的工作弄丢了,还失去了一个好朋友。

心怀嫉妒的人,看不得别人比自己好。要是哪个方面别人超过自己了,就神魂颠倒坐立不安,仿佛自己的末日已经来临。这是一种极其卑劣的心理畸变,若是不能尽早克服这种畸变心理,自己的人生之路将会处处触礁,时时碰壁。

应该说,任何人财富和地位的取得,很大一部分是努力的结果,没必要去嫉妒别人。你想发财,想当官,就得靠自己的努力。你要知道,多数人不是你所想象的那么坏,好人毕竟是多数。你把别人想坏了,其实你就不是个好人。因为你的出发点是建立在你个人的私心上,对你好就是好人,对你不好就是坏人。或者说对方条件比你好就一定是坏人,对方条件比你差就是个好人。持这种观点的人,永远都是生活在狭隘的自私中不能自拔,肯定成就不了大事。

美好的生活要靠自己创造。与其临渊羡鱼,何不退而织网!

不要轻言放弃自己

BU YAO QING YAN FANG QI ZI JI

放弃自己，等于向困难低头，向命运妥协。放弃自己实际上是一种懦弱无能的表现。

有个青年，在一次车祸中被碾掉了两条腿。这对于他的人生来说，不得不说是毁灭性的打击。没有了腿，不说施展自己的理想和抱负，连路都不能走了，还有什么活下去的勇气呢？他躺在医院的病床上，心如死灰，万念俱消。任家人怎么劝导，他一连三天连水都不愿喝一口，想以此来结束自己痛苦的人生。一天，一位同学来看他，并为他带来了一本残疾人励志故事的书。起初，他并不以为然，还认为是同学有意嘲笑他，没好气地把同学给轰走了，又把书丢到了垃圾桶里。同学走后，隔壁床位搬来一位盲人，陪他来的是个漂亮的女子。盲人一进屋，笑嘻嘻地问青年："同志，你是哪儿的，得的什么病？"青年没理他，用被子包住头，仿佛要与世隔绝一般。这时，这位盲人也不在意，继续与那女子谈笑风生，言语风趣，似乎这世上的事什么都懂，全然不像是一个盲人在说话。通过他们谈话得知，盲人是一家婚庆公司的老板，这女子是他的妻子，他们不仅有一个幸福的家庭，还拥有自己的事业。青年不由想道：一个盲人当上了婚庆公司老板，又娶了这么个漂亮妻子，真是世间少有的事。又一想，一个盲人什么都看不见，不但有了自己的公司，还有这么一位漂亮的妻子，什么好事都让他占到了。一个盲人什么都看不见，尚且生活得如此风光，我只不过损失了两条腿，比起盲人来，要幸运多了。世界这么美好，为什么我就不能好好活下去呢？想到这里，一股原始的激情搅得他睡不下了，起来从垃圾桶里拾取同学带来的那本励志书看了起来。这一看他入迷了。他发现书上讲的那些残疾人创业的故事，有的人残疾程度要比自己严重得多，可通过不懈的努力，最后实现了自己的理想。看到这些，青年仿佛换了一个人似的，开始吃饭开始说起话来。青年伤口痊愈后，配置了两条假腿，又在家人的帮助下，在繁华路段租了一间门面，开始经营起服装生意来。后来他发觉从外面进回的服装款式过于老套，生意不怎么好，便盘算着自己设计加工。他买回了大量的服装书籍，又上街观察各种各样的服装样式。通过一段时间的摸索，青年终于自己设计加工出了第一批服装。放到门面试销的第一天，吸引了一大批顾客，没两天就销售一空。青年在此基础上又推陈出新，办起了一家服装厂，生意越做越大，终于实现了自己的人生梦想。

假若这个青年当初自暴自弃，也就没有以后事业的辉煌。世界不会无缘无故抛弃一个人，而是有的人首先抛弃了世界。

要相信这样一个事实：勇气在心中，你就一定行。任何事情都不是绝对的,哪怕有百分之一的希望,也可能争取到百分之百的成功。所以,无论你处于什么样的恶劣环境,都不要放弃自己。你放弃自己,别人也会放弃你。勇于相信自己,是战胜一切困难的力量源泉。如果一个人连自己都不能相信自己,别人更不会相信你了。你相信自己,别人才会相信你。

超越即是进步

CHAO YUE JI SHI JIN BU

超越自我是一个艰难的奋斗过程,能勇于超越自我的人,即是进步的开端,必定是一个能创造奇迹的人。

某君生在一个贫困工人家庭,由于家里很穷,父母无钱供他上学。父亲是个码头搬运工人。从七岁开始,他每天提着个竹筐,跟着父亲到码头上拾些煤屑回家煮饭。离码头不远是一所学校,他偏爱学习,看到同龄人每天背着书包去上学,听着学校里传出的琅琅读书声,他羡慕极了。于是每天利用捡煤屑的机会,来到学校趴倒教室的窗子下听老师讲课。久而久之,他几乎听懂了老师讲课的内容。这天,他发现有个学生背着书包来到码头上玩,从穿着看知他是个有钱人的子弟,便主动问他是不是这个学校的学生,学生点头说是,但看到满脸沾满了煤屑的某君问道:“你怎么不去上学？”某君老实答道：“我家没钱供我上学。”富家子弟眨眨眼笑着说：“要不这样，你替我去上学，我来帮你捡煤屑好么？”某君想了想，摇头说：“读书不好吗？我帮你读书，你爸不会答应，老师也不会答应的。”见对方不高兴了，又说：“要不我帮你做作业，好吗？”学生一听说他帮自己做作业，高兴极了，忙摘下书包拿出作业本就要递给某君。某君洗了手，把对方拉到一个僻静处对他说：“我看看。”接过作业本，没多久就把作业做完了。从此以后，某君帮学生做作业，学生借书给某君看。一来二往，两人成了很要好的朋友。某君得知学生叫刘礼，是这个小学校长的儿子，一天，某君正躲在教室窗外偷听老师授课，被学校的校长逮了个正着。校长把他拉到办公室，并没批评他，而是和颜悦色地问：“你就是那个帮刘礼做作业的学生吗？”某君惊问道：“你怎么知道的？”校长又问道：“你在哪个学校读书？不去上课，趴倒我们学校教室窗子下做什么？”某君自知抵赖不过。只好说了实话。校长一听，大惊道：“怎么，你没上过学，就是靠偷听课本就晓得做作业的？”某君点点头。校长激动得站了起来，蹲下身问某君：“我要是要你来学校当个正式学生，你愿意吗？”某君摇了摇头，说没有学费。校长笑道：“你的学费我给你出了，怎么样！”某君听校长这样一说，自然是高兴万分。从此以后，某君就成了这个小学的正式学生。后来，从小学到中学到大学，都是由校长资助。某君大学毕业后，谢绝了留在省城工作的机会，自愿回到出生地，接替了刘校长的职务，把他的毕生事业定位到了资助贫困子女上学。虽然他没有高官厚禄，但他毕生的精力都献给了教育事业，也因此受到社会各界的广泛赞誉。

超越自我必先挑战自我。某君靠偷听授课，最后被校长资助上完大学，这是他人生的第一次挑战,因而也超越了自我。假若他墨守成规,在那个兵荒马乱的社会里,他也只能永远是个靠卖苦力生存的贫困群体。他的第二次挑战自我,是谢绝了在省城工作的机会。假若他留在省城谋个一官半职,生活在锦衣玉食之中,也有可能成为旧中国腐败政府的牺牲品。不能不说,他选择了回归故里献身教育事业,这是他人生的第二次超越自我。

超越自我,并不是官衔大小和富裕程度所能衡量的。超越是一个全新的概念。生活的目的不是生存,而是奉献。人生在世,生存是否长久,获得的多与少,并不重要,重要的是你为人类社会奉献了多少?

敢于向自我挑战的人,不会满足于安逸的生活,时时都在寻找新的突破口,发挥极致潜能,向自己的极限挑战。这样的人生,才能超越自我,才能焕发出人生的光芒。

假若在人生的十字路口,摆在前面有官职,富裕和奉献三条道供你选择,如果你选择了奉献这条道,那么,你就是在向自己挑战,勇于摒弃生存常态超越自我。因为在这个社会里,迷恋官职和富裕的人多,真正愿意奉献的人少。抛弃荣华富贵乐于奉献社会的人, 才是超越自我超越时代的精英!

将生存升华到生活

JIANG SHENG CUN SHENG HUA DAO SHENG HUO

生存不等于真正的生活，怎么来界定生存与生活？对此，苏格拉底有两句精彩的名言："他人为食而生，我为生而食。"前者是生存，后者是生活。显然，活着是为了吃，是生存；吃是为了活着，即是生活。

生活是超越生存具有创造性的一种生活方式。也就是说，生存与生活是由低级到高级的一个质变过程。由此可以推断，动物是生存，人才是生活。但又不是所有的人都具有真正意义上的生活。比如说有的人吃喝玩乐声色犬马，沉迷在与动物共有的一种低级游戏中，这本身就已经失去了人的价值。唯有智力创造和道德修养之类的高级游戏，即具有创造性的人，超越了生存的局限，才是人类区别于动物的生活。

许多人在赚钱与消费之间打转转，没有创造性，也没有奉献精神，他们的一生只是为了自己的衣食而忙活，就好比民间的一句谚语："人为财死，鸟为食亡。”这种被个人享乐奴役一生的人，已经丧失了人类积极生活的含义，充其量只能算是一种寄生虫罢了。

有人说：“生命的意义不是索取，而在于奉献。”从这个层面上来看，索取与奉献又可划归为生存和生活这样一个范畴。索取与奉献是两种截然不同的人生观和世界观。专门索取不予奉献的人，生存的价值只有一种，那就是拉动消费；而乐于奉献淡于索取的人，才是为人类创造财富的生力军。两种不同的人生观，折射了不同的价值观，也直观地勾勒了生存和生活的价值取向。

我们说动物是属于生存类型，但有的动物也在积极为人类创造财富。比如说饲养的家禽等，我们给它粮食吃，它回报给我们的要比它吃粮食的价值多得多，多出来的部分就是奉献给人类的财富。与此相悖的是，比如说老鼠麻雀之类，不但没能给人类带来丝毫价值，还偷吃人类的粮食，这些畜类的存在，自然是危害于人类的寄生物了。作为高级动物的人类，无论我们从事什么行业，也不可能完全等价交换。有超过劳动价值的，也有短于劳动价值的。无疑，超过劳动价值的部分是奉献，短于劳动价值的报酬即是索取。包括那些老板富商，你积累的财富中有相当一部分是赚取别人的剩余价值，如果你赚钱的目的纯粹是为了自己和家人消费，不懂得取之于民用之于民，那么，你再富有再风光，也只能算是生存而非生活，因为你是为食而生。

苏格拉底所说的生，前者是为了自己的荣华富贵而奋斗，后者是一种社会责任和担当。为食而生和为生而食，虽然看起来大同小异，但从本质意义上来说，有根本的内在区别。我们不得不说，为自己而活是生存；为大家而活，才是生活。怎么样将生存升华到生活，没有别的，首先要立志为别人而活。

掌控机遇是成功的关键

ZHANG KONG JI YU SHI CHENG GONG DE GUAN JIAN

对于每个人来说,都想改变命运。机遇和挑战是相辅相成不可分割的。有机遇不善于挑战,机遇有可能白白流失;有挑战精神若没有机遇,事情往往不是那么理想。

小吴是某大学的学生会干部,毕业分配那年,考虑到他在校的表现和显露的组织才能,相关部门准备推荐他到比较偏远的县挂职锻炼。所谓的挂职锻炼,其实只是人生的跳板,搞得好的话,前程无可限量。这对于一个刚步入社会的小吴来说,不能不说是一个极好的机会。可小吴犹豫了,他想到的是要与大学同学尽快结婚生子,以圆父母早日当爷爷奶奶的梦想。自己才二十四岁,待生完孩子这个过渡时期后,凭自己的实力,在工厂照样可以有前途。于是,他选择了留城工作,自愿到某国营机械厂上班。岂知妻子生完孩子后，落下了病根，他既要照顾妻子，又要担负起抚养孩子的重担，根本就没精力如何做好自己的工作。没过几年，机械厂改制，小吴成了下岗待业人员。他虽然在大学里学的是机械制造专业，这些年，他根本就无法静下心来搞科研课题，所以也没什么实践经验，仅有的那些书本理论知识，忘得也差不多了。下岗后，他找不到好的工作，只好待业在家，全家三口人靠妻子每月几百元的工资生活，很是困难。当年他不愿去挂职后被一同学顶缺的小张，已经是本市某区的区长了。一天，张区长来机械厂检查改制的后续工作，遇到了落魄的小吴，他特意把小吴叫到工厂办公室问起了他的生活情况，小吴支支吾吾不好作答。张区长笑了笑，从身上摸出几百元钱递给小吴说："老同学，当年要不是你慷慨相让，我也不会有今天，这点意思你收下吧。以后有什么困难，尽管来找我。"

小吴自然不会要张区长的钱，他此时此刻百感交集，想到当初的决定，后悔死了。

世上是没有后悔药买的，就像生命不能过渡一样。你想过渡生命，命运就会捉弄于你。

老宋在工程兵部队服役了几年后，他所在的部队划入裁军范围，由部队转为地方管理。当时，凡愿意留下来的，脱下军装转为工人。不愿意留下的，办理退伍回乡手续。老宋见退伍回乡有些补助金，又觉得即便留下，工作也太辛苦，还不如回家的轻松，于是想也没想就申请退伍回乡了。后来那些留下转为工人的退伍兵，工作条件慢慢好转起来，不但在外成了家买了房，每月的工资收入也十分可观。而老宋呢，他回到自己在大山里的家中，辛辛苦苦搞了几十年，没有丝毫的改变。甚至连他的几个子女因读书路途偏远，早早就辍学了。

有人说，是金子放到哪儿都会发光，话是没错，但如果金子被深埋在地下，就会被厚厚的尘土掩盖，也发不了光即使仍然在发着光，也暂时不会被人看见。命运给人的机遇不多，往往是稍纵即逝。如果不能牢牢把握住，不能抛弃蝇头小利挑战自我，到头来什么也得不到。比如说小吴，要是他当初能挑战自我，丢掉狭隘的个人得失，那么，他就不至于沦为贫困人士了。又比如说老宋，如果他能抓住机遇，与大家留下来继续工作，他也会与战友们一样，他的人生完全会是另一种样子。

莫让机遇从指间流失，发现了，就牢牢地抓住，向一切妨碍你的困难挑战，这是你改变命运的唯一方法！

感动助推掌控力

GAN DONG ZHU TUI ZHANG KONG LI

有人说,人生如梦;也有人说,人生如戏。梦也好戏也罢,梦有醒来的时候,戏有散场的那一刻。我们的梦再怎么美好,无论在戏中扮演什么角色,到头来终摆脱不了黄土盖身。

人生的旅途中,总有人不断走来,也总会有人不断离去。当新的名字变成老的名字,当老的名字渐渐模糊,便是一个故事的结束和一个故事的开始。在不断的相遇和交替中,我们不得不明白这样一个道理,身边的人只能陪伴自己走过一程,能陪伴自己一生的,是自己的名字或清晰或模糊带来的种种感动。

父母感动了我们,给了我们宝贵的生命;社会感动了我们,给了我们美好的生活;朋友感动了我们,给了我们太多的帮助。在这个处处充满感动的人生中,我们也在感动着别人。

感动是一种奉献，没有奉献精神，也就没有感动。

英雄豪杰为何感动了世世代代的人？是他们为国为民的一腔正义感染了后人；见义勇为为何能感动千千万万的人？是因为他们在别人遇到危难时不顾个人安危挺身而出；热心助人为何能感动周围的人？是因为他们有一颗火热的心肠；公而忘私为何能感动许多的人？是因为他们为了大多数人的利益打动了人。等等这些，莫不道出了一个真理：乐于奉献才能让人感动。

在感动别人的同时，自己也被世上美好的东西感动着。有些时候，感动能产生一股巨大的行动力量，让人冲破平时难以逾越的阻力，直至到达成功的彼岸。

1858 年，瑞典的一个富豪生下了一个女儿，然过不久，这个女孩子患上了一种无法破解的瘫痪症，丧失了走路的能力。一次，女孩和一家人乘船外出旅游，船长太太给女孩讲船长有一只天堂鸟。女孩子一听，完全被天堂鸟迷住了，她很想看看这只天堂鸟是什么模样。趁保姆去找船长的时候，她耐不住性子，要求船上的服务生带她去找天堂鸟。那个服务生不知她的腿不能走路，只顾拉着她去看那只美丽的小鸟。奇迹发生了，女孩因为感动异常，竟然忘了自己不能走路，紧紧拉住服务生的手站起来了。从此，女孩子的腿慢慢痊愈了。女孩子长大后，忘我地投入到文学创作中，成为了第一个获得诺贝尔文学奖的女性，她就是塞尔玛·拉格洛夫。由此可以看出，感动可以忘我，并能超越自身的束缚，释放出人生的最大潜能。

美国作家亨利在他的小说《最后一片叶子》里讲了个故事：病房里，一个生命垂危的病人看到窗外一棵树在秋风中摇曳，一片片叶子掉落下来，很是萧瑟。病人的心情也因此糟透了，身体每况愈下，一天不如一天。他伤感地对家人说："当树上的叶子全部掉落时，我也就死了。"一位老画家得知后，用彩笔画了一片树叶挂在树枝上，最后一片叶子始终没有落下来。就因为这片永不掉落的绿叶，给了病人生活下去的勇气，患者竟奇迹般好了。这就是希望的价值，也是感动的力量。